建筑信息模型设计与应用

李艳伟　主编

吉林科学技术出版社

图书在版编目（CIP）数据

建筑信息模型设计与应用 / 李艳伟主编． -- 长春：
吉林科学技术出版社，2019.10
ISBN 978-7-5578-6353-1

Ⅰ．①建… Ⅱ．①李… Ⅲ．①建筑设计－计算机
辅助设计－应用软件 Ⅳ．① TU201.4

中国版本图书馆 CIP 数据核字（2019）第 244426 号

建筑信息模型设计与应用

主　　编	李艳伟
出 版 人	李　梁
责任编辑	端金香
封面设计	刘　华
制　　版	王　朋
开　　本	16
字　　数	270 千字
印　　张	12
版　　次	2019 年 10 月第 1 版
印　　次	2019 年 10 月第 1 次印刷
出　　版	吉林科学技术出版社
发　　行	吉林科学技术出版社
地　　址	长春市福祉大路 5788 号出版集团 A 座
邮　　编	130118

发行部电话 / 传真　0431—81629529　　81629530　　81629531
　　　　　　　　　　81629532　　81629533　　81629534

储运部电话　0431—86059116

编辑部电话　0431—81629517

网　　址	www.jlstp.net
印　　刷	北京宝莲鸿图科技有限公司
书　　号	ISBN 978-7-5578-6353-1
定　　价	51.00 元

前　言

随着城市化进程的不断加快，我国城市建设不断进步，BIM 技术已广泛应用于建筑行业。在实际应用中获得了良好的经济效益及社会效益。BIM 技术将引领建筑信息技术走向更高层次，大大提高建筑设计水平。

本书共七章，包含 BIM 概述、BIM 建筑设计初期的能耗分析、BIM 建筑工程设计管理、BIM 建筑方案设计、BIM 建筑协同设计、BIM 绿色建筑设计、BIM 在数字化建筑设计中简单应用等内容。随着建筑数字技术的不断发展，与时俱进，不断更新与完善，本书坚持理论与实践相结合，探索 BIM 技术更新的理论及其在各个建筑设计工程项目中的应用实例，是一本切合实用的教辅类工具书，也为不断提高建筑数字技术的教学水平，促进我国的建筑设计在建筑数字技术的支撑下不断登上新的高度而奋斗。

目录

第一章　BIM 概述

第一节　BIM 概念与特点

BIM（Building Information Modeling）技术是 Autodesk 公司在 2002 年率先提出，目前已经在全球范围内得到业界的广泛认可，它可以帮助实现建筑信息的集成，从建筑的设计、施工、运行直至建筑全寿命周期的终结，各种信息始终整合于一个三维模型信息数据库中，设计团队、施工单位、设施运营部门和业主等各方人员可以基于 BIM 进行协同工作，有效提高工作效率、节省资源、降低成本、以实现可持续发展。

BIM 的核心是通过建立虚拟的建筑工程三维模型，利用数字化技术，为这个模型提供完整的、与实际情况一致的建筑工程信息库。该信息库不仅包含描述建筑物构件的几何信息、专业属性及状态信息，还包含了非构件对象（如空间、运动行为）的状态信息。借助这个包含建筑工程信息的三维模型，大大提高了建筑工程的信息集成化程度，从而为建筑工程项目的相关利益方提供了一个工程信息交换和共享的平台。

BIM 有如下特征：它不仅可以在设计中应用，还可应用于建设工程项目的全寿命周期中；用 BIM 进行设计属于数字化设计；BIM 的数据库是动态变化的，在应用过程中不断在更新、丰富和充实；为项目参与各方提供了协同工作的平台。我国 BIM 标准正在研究制定中，研究小组已取得阶段性成果。

一、定义

BIM 技术是一种应用于工程设计、建造、管理的数据化工具，通过对建筑的数据化、信息化模型整合，在项目策划、运行和维护的全生命周期过程中进行共享和传递，使工程技术人员对各种建筑信息做出正确理解和高效应对，为设计团队以及包括建筑、运营单位在内的各方建设主体提供协同工作的基础，在提高生产效率、节约成本和缩短工期方面发挥重要作用。

这里引用美国国家 BIM 标准（NBIMS）对 BIM 的定义，定义由三部分组成：

1.BIM 是一个设施（建设项目）物理和功能特性的数字表达。

2.BIM 是一个共享的知识资源，是一个分享有关这个设施的信息，为该设施从概念到拆除的全生命周期中的所有决策提供可靠依据的过程。

3.在设施的不同阶段，不同利益相关方通过在BIM中插入、提取、更新和修改信息，以支持和反映其各自职责的协同作业。

二、概念框架

通过对建筑信息模型概念的分析可以看出，建筑信息模型不只是一个简单的技术、模型实体或者实现的过程，其应该是一个综合多种维度不同因素的集合体。其主要的内涵包括以下几个方面：

（一）建筑信息模型的基础、核心和对象是模型

在建筑信息模型中，模型是基础、核心和工作对象。从本质上来看，作为实体的建筑信息模型是存储了项目集成化信息的数据库，并以数据库为核心实现多种不同程度的应用。同时，这样的一个或多个包含了建设工程全生命周期数字化信息模型实体，也为建设项目的各个参与方提供了一个信息交互的平台。

按照不同的分类体系，模型又可以划分为多种不同的类型。如按照模型中所集成的信息的特征，可以分为3D模型、4D模型、5D模型乃至nD模型等；按照专业和项目建设阶段划分，可以划分为设计模型（又可以细分为建筑模型、结构模型、MEP模型、综合模型、各种分析模型等），施工模型（又可以细分为总包模型、专业分包模型等）、制造模型、设施运营管理模型等；按照模型中的信息集中化程度，可以划分为集中式模型和分布式模型等。对于不同类型的建筑信息模型，其中所包含的信息的集成化程度、内容等各个方面存在着较大的差异，在建筑信息模型的应用过程中，必须要针对不同的需求，选择具有针对性的模型。

在运用建筑信息模型的建设项目中，项目各个参与方首先需要的是建立模型，并以各种不同的方式和程度将项目信息集成于其中；其次，要将部分或全部的项目工作与模型联系起来，以模型作为项目工作开展的辅助手段，并尽可能地将模型与其他的信息系统和信息手段相交互，以最大限度地实现信息共享；最后，要将各个阶段的工作成果在模型中体现出来。在这个过程里，我们可以发现在建设项目物质流动的过程中，还存在着一个以模型为核心的信息流动过程。建筑信息模型成了项目团队之间的工作平台、交互工具和沟通渠道，成了工作的基础、对象，同时，也是整个与建筑信息模型相关的工作的核心。

（二）技术是实现和应用建筑信息模型的基础

要有效地建立和运用建筑信息模型，相关的技术条件必须要达到一定的水平。如果追溯建筑信息模型的发展历程，不难发现：虽然相关的理念提出已经有差不多40余年的时间，但建筑信息模型真正得到普及和应用是进入21世纪以后的事情，产生这种现象的一个最重要的原因便是早期相关的软硬件等技术条件无法满足现实的需要。因此，只有具备了坚

实的技术基础，才能使建筑信息模型真正发挥其效能，而在技术条件不具备的条件下奢谈建筑信息模型的应用只能是构建一座"空中楼阁"。与建筑信息模型相关的技术可以分为信息交互标准；nD 模型建模技术；与建筑信息模型相关的分析方法及应用工具开发技术；应用建筑信息模型的建设项目全寿命周期项目管理技术；建筑信息模型与其他信息系统(如 ERP、GIS) 等的集成技术；以及符合建筑信息模型需要的高效、快捷、低成本的软硬件平台应用开发技术几方面。

（三）合同、管理措施是建筑信息模型的保障

　　建筑信息模型的运用绝对不只是一个单纯的技术过程。由于建设工程项目多阶段、多参与方的特点，使得在建筑信息模型的运用中往往需要多方参与其间，而各方在建设项目中所处的地位及利益关系之间往往又存在一定的矛盾性；同时，项目的各个参与方对建筑信息模型的认知程度和应用能力之间存在差异；此外，由于建筑信息模型的影响，会出现一些新的工程项目建设模式（如 IPD）等，也随时会对原有的建设模式的组织构成、工作流程、工作方法、工作内容等产生新的影响，因此，会使得建筑信息模型的应用中会增加新的风险，需要严密的合同和高效地的项目组织管理工作来调整。

　　总体而言，建筑信息模型应用中的合同和管理措施主要有合同的拟定，风险的分担、争议的解决机制的建立；对项目管理组织及对项目各个参与方的内部组织机构、工作流程、工作内容等的影响；基础的管理体系及制度的建立；对既有项目管理模式的影响，新的项目管理模式的建立；以及对项目管理人员的影响几方面。

（四）建筑信息模型是一个集成化、综合性的过程

　　建筑信息模型的集成化强调的是对整个建设项目生命周期中来自各个阶段、各个专业、各个参与方的信息的集成，信息的集成化程度越高，其效能的发挥也就越加显著。综合则是强调对建筑信息模型要从技术、合同、管理等多角度入手，而不应孤立的将建筑信息模型视为一个单纯的技术过程，就技术而论技术，忽略了其中更为复杂的法律和管理问题，这可能会导致建筑信息模型应用产生适得其反的效果。分析国内外建筑信息模型应用的案例，特别是一些建筑信息模型应用失败的情况中，是不难发现这一点的。同时，由于建筑信息模型及其应用中所涉及的问题是处在一个不断发展演化的过程中，所以要以动态发展的眼光来看待其中的问题。

三、特点

　　CAD 技术将建筑师、工程师们从手工绘图推向计算机辅助制图，实现了工程设计领域的第一次信息革命。但是此信息技术对产业链的支撑作用是断点的，各个领域和环节之间没有关联，从整个产业整体来看，信息化的综合应用明显不足。BIM 是一种技术、一种方法、一种过程，它既包括建筑物全生命周期的信息模型，同时又包括建筑工程管

理行为的模型,他将两者进行完美结合来实现集成管理,它的出现将可能引发整个 A/E/C(Architecture/Engineering/Construction)领域的第二次革命。

(一)BIM 技术较二维 CAD 技术的优势(见表1—1)

表 1—1 BIM 技术较二维 CAD 技术的优势

面向对象类别	CAD 技术	BIM 技术
基本元素	基本元素为点、线、面	基本元素如:墙、窗、门等,不但具有几何特性,同时还具有建筑物理特性和功能特性
修改图元位置或大小	需要再次画图,或者通过拉伸命令调整大小	所有图元均为参数化建筑构件,附有建筑属性;在"族"的概念下,只需要更改属性,就可以调节构件的尺寸、样式、材质、颜色等
各建筑元素间关联性	各个建筑元素间没有相关性	各个构件之间是相互关联的,例如删除一面墙,墙上的窗户和门跟着自动删除;删除一扇窗,墙上原来窗的位置会自动恢复为完整的墙
建筑物整体修改	需要对建筑物各投影面依次进行人工修改	只需进行一次修改,则与之相关的平面、立面、剖面、三维视图、明细表等都自动修改
建筑信息的表达	提供的建筑信息非常有限,只能将纸质图纸电子化	包含了建筑的全部信息,不仅提供形象可视的二维和三维图纸,而且提供工程量清单、施工管理、虚拟建造、造价估算等更加丰富的信息

(二)BIM 具有以下四个特点

1. 可视化

可视化即"所见所得"的形式,对于建筑行业来说,可视化的真正运用在建筑业的作用是非常大的,例如经常拿到的施工图纸,只是各个构件的信息在图纸上采用线条绘制表达,但是其真正的构造形式就需要建筑业从业人员去自行想象了。BIM 提供了可视化的思路,让人们将以往的线条式的构件形成一种三维的立体实物图形展示在人们的面前;现在建筑业也有设计方面的效果图。但是这种效果图不含有除构件的大小、位置和颜色以外的其他信息,缺少不同构件之间的互动性和反馈性。而 BIM 提到的可视化是一种能够同构件之间形成互动性和反馈性的可视化,由于整个过程都是可视化的,可视化的结果不仅可以用效果图展示及报表生成,更重要的是,项目设计、建造、运营过程中的沟通、讨论、决策都在可视化的状态下进行。

2. 协调性

协调是建筑业中的重点内容,不管是施工单位,还是业主及设计单位,都在做着协调及相配合的工作。一旦项目的实施过程中遇到了问题，就要将各有关人士组织起来开协调会，找各个施工问题发生的原因及解决办法．然后做出变更，做出相应补救措施等来解决问题。在设计时，往往由于各专业设计师之间的沟通不到位，出现各种专业之间的碰撞问题。例如暖通等专业中的管道在进行布置时，由于施工图纸是各自绘制在各自的施工图纸上的，在真正施工过程中，可能在布置管线时正好在此处有结构设计的梁等构件在此阻碍管线的布置，像这样的碰撞问题的协调解决就只能在问题出现之后再进行解决。BIM 的协调性服务就可以帮助处理这种问题，也就是说 BIM 建筑信息模型可在建筑物建造前期对各专业的碰撞问题进行协调，生成协调数据，并提供出来。当然，BIM 的协调作用也并不是只能解决各专业间的碰撞问题，它还可以解决例如电梯井布置与其他设计布置及净空要求的协调、防火分区与其他设计布置的协调、地下排水布置与其他设计布置的协调等。

3. 模拟性

模拟性并不是只能模拟设计出的建筑物模型，还可以模拟不能够在真实世界中进行操作的事物。在设计阶段，BIM 可以对设计上需要进行模拟的一些东西进行模拟实验。例如：节能模拟、紧急疏散模拟、日照模拟、热能传导模拟等；在招投标和施工阶段可以进行 4D 模拟（三维模型加项目的发展时间），也就是根据施工的组织设计模拟实际施工，从而确定合理的施工方案来指导施工。同时还可以进行 5D 模拟（基于 4D 模型加造价控制），从而实现成本控制；后期运营阶段可以模拟日常紧急情况的处理方式，例如地震人员逃生模拟及消防人员疏散模拟等。

4. 优化性

事实上整个设计、施工、运营的过程就是一个不断优化的过程。当然优化和 BIM 也不存在实质性的必然联系，但在 BIM 的基础上可以做更好的优化。优化受三种因素的制约：信息、复杂程度和时间。没有准确的信息，做不出合理的优化结果，BIM 模型提供了建筑物的实际存在的信息，包括几何信息、物理信息、规则信息，还提供了建筑物变化以后的实际存在信息。复杂程度较高时，参与人员本身的能力无法掌握所有的信息，必须借助一定的科学技术和设备的帮助。现代建筑物的复杂程度大多超过参与人员本身的能力极限，BIM 及与其配套的各种优化工具提供了对复杂项目进行优化的可能。

四、软件

常用的 BIM 建模软件有：

1.Autodesk 公司的 Revit 建筑、结构和设备软件。常用于民用建筑。

2.Bentley 建筑、结构和设备系列，Bentley 产品常用于工业设计（石油、化工、电力、医药等）和基础设施（道路、桥梁、市政、水利等）领域。

3.ArchiCAD，属于一个面向全球市场的产品，应该可以说是最早的一个具有市场影响力的 BIM 核心建模软件。

第二节 BIM 的产生和发展

一、BIM 来源

1975 年，"BIM 之父"——佐治亚理工大学的 Chuck Eastman 教授创建了 BIM 理念至今，BIM 技术的研究经历了三大阶段：萌芽阶段、产生阶段和发展阶段。BIM 理念的启蒙，受到了 1973 年全球石油危机的影响，美国全行业需要考虑提高行业效益的问题，1975 年"BIM 之父"Eastman 教授在其研究的课题 "Building Description System" 中提出 "a computer—based description of—a building"，以便于实现建筑工程的可视化和量化分析，提高工程建设效率。BIM 建筑信息模型的建立，是建筑领域的一次革命。将成为项目管理强有力的工具。BIM 建筑信息模型适用于项目建设的各阶段。它应用于项目全寿命周期的不同领域。掌握 BIM 技术，才能在建筑行业更好地发展。建造绿色建筑是每一个从业者的使命。建造绿色建筑是建筑行业的责任。

麦格劳·希尔将 BIM 定义为"创建并利用数字模型对项目进行设计、建造及运营管理的过程"。BIM 基于最先进的三维数字设计解决方案所构建的"可视化"的数字建筑模型，为设计师、建筑师、水电暖铺设工程师、开发商乃至最终用户等各环节人员提供"模拟和分析"的科学协作平台，帮助他们利用三维数字模型对项目进行设计、建造及运营管理。报告还展示了 BIM 在实现绿色设计、可持续设计方面的优势：BIM 方法可用于分析包括影响绿色条件的采光、能源效率和可持续性材料等建筑性能的方方面面；可分析、实现最低的能耗，并借助通风、采光、气流组织以及视觉对人心理感受的控制等，实现节能环保；采用 BIM 理念，还可在项目方案完成的同时计算日照、模拟风环境，为建筑设计的"绿色探索"注入高科技力量。BIM 的发展前景不可限量。

21 世纪前的 BIM 研究由于受到计算机硬件与软件水平的限制，BIM 仅能作为学术研究的对象，很难在工程实际应用中发挥作用。

21 世纪以后，随着计算机软硬件水平的迅速发展以及对建筑生命周期的深入理解，推动了 BIM 技术的不断前进。自 2002 年，BIM 这一方法和理念被提出并推广之后，BIM 技术变革风潮便在全球范围内席卷开来。

二、BIM 技术的发展历史

文艺复兴时期，施工从建筑设计中分工出来，"施工猿"和"绘图猿"呱呱坠地设计与施工的离异却催生了"图纸"，而 BIM 就诞生于第一张图纸中，然而最初的建筑意图表达是以文字为主的。

（一）二维CAD技术

二维图纸包含着建筑信息，成为设计交流和建造过程的物质中介。建筑设计方法和生产模式随着CAD技术的开发和升级产生了大的变革。CAD的出现让建筑工程人员从传统的手工画图、计算的工作模式转变成了电脑绘图，软件算量、计价的模式，让人们能更方便、更及时地进行方案修改与优化。不仅节省了人力物力，更重要的是提高了设计出图效率，大大缩短了设计周期，提高了设计质量。

（二）三维CAD技术

20世纪以来，计算机技术飞速发展，建筑师利用计算机辅助设计（CAD）进行电脑绘图，摆脱了手工绘图，提高了设计效率。尽管如此，工程师的工作模式依然停留在二维模式，没有摆脱二维的思维方式。

（三）BIM技术的发展

终于进入21世纪，IT技术迅猛发展，BIM所需要的IT技术完全具备，Revit应运而生。闹了这么久，BIM的失败，竟然是因为科技发展跟不上！现在欧特克（Autodesk）通过并购大举推广BIM理念使得BIM成了建筑行业发展新趋势。BIM终于可以抬头挺胸，引领建筑行业新风尚！

三、BIM在国外的发展状况

（一）美国

1.美国是较早启动建筑业信息化研究的国家，2003年起，美国总务管理局（GSA）通过其下属的公共建筑服务处（Public Buildings Service，PBS）开始实施一项被称为国家3D—4D—BIM计划的项目，实施该项目的目的有：（1）实现技术转变，以提供更加高效、经济、安全、美观的联邦建筑；（2）促进和支持开放标准的应用。按照计划，GSA从整个项目生命周期的角度来探索BIM的应用，其包含的领域有空间规划验证、4D进度控制、激光扫描、能量分析、人流和安全验证以及建筑设备分析及决策支持等。

2.为了保证计划的顺利实施，GSA制定了一系列的策略进行支持和引导，主要内容有：

（1）制定详细明了的愿景和价值主张。

（2）利用试点项目积累经验并起到示范作用。

（3）加强人员培训，建立鼓励共享的组织文化。

（4）选择适合的软件和硬件，应用开放标准软、硬件系统构成了BIM应用的基础环境。

（二）新加坡

1995年新加坡国家发展部启动了一个名为CORENET（Construction and Real Estate

Network）的 IT 项目。主要目的是通过对业务流程进行流程再造（BPR），以实现作业时间、生产效率和效果上的提升，同时还注重于采用先进的信息技术实现建筑房地产业的参与方间实现高效、无缝地沟通和信息交流。Corenet 系统主要包括三个组成部分：e—Submission、e—plan Check 和 e—info。在整个系统中，居于核心地位的是 e—plan Check 子系统，同时其也是整个系统中最具特色之处的。该子系统的作用是使用自动化程序对建筑设计的成果进行数字化的检查，以发现其中违反建筑规范要求之处。整个计划涉及了五个政府部门中的八个相关机构。为了达到这一目的，系统采用了国际互可操作联盟（IAI）所制定的 IFC 2×2 标准作为建筑数据定义的方法和手段。整个系统采用 C/S 架构，利用该系统，设计人员可以先通过系统的 BIM 工具对设计成果进行加工准备，然后将其提交给系统进行在线的自动审查。

为了保证 CORENET 项目（特别是 e—plan check 系统）的顺利实施，新加坡政府采取了一系列的政策措施，取得了较好的效果。其中主要包括：

1. 广泛的业界测试和试用以保证系统的运行效果。

2. 注重通过各种形式与业界沟通，加强人才培养。

3. 加强与国际组织的合作在系统的研发过程中。

新加坡政府非常重视与相关国际组织的合作，这可以使得系统能得到来自国际组织的全方位支持，同时也可以在更大的范围得到认可。

（三）英国

与大多数国家相比，英国政府要求强制使用 BIM。2011 年 5 月，英国内阁办公室发布了"政府建设战略（Government Construction Strategy）"文件，其中有整个章节关于建筑信息模型（BIM），这章节中明确要求，到 2016 年，政府要求全面协同的 3D·BIM，并将全部的文件以信息化管理。

英国的设计公司在 BIM 实施方面已经相当领先了，因为伦敦是众多全球领先设计企业的总部，如 Foster and Partners、Zaha Hadid Architects、BDP 和 Arup Sports，也是很多领先设计企业的欧洲总部，如 HOK、SOM 和 Gensler。在这些背景下，一个政府发布的强制使用 BIM 的文件可以得到有效执行，因此，英国的 AEC 企业与世界其他地方相比，发展速度更快。

（四）韩国

韩国在运用 BIM 技术上十分领先。多个政府部门都致力制定 BIM 的标准，例如韩国公共采购服务中心和韩国国土交通海洋部。

韩国主要的建筑公司已经都在积极采用 BIM 技术，如现代建设、三星建设、空间综合建筑事务所、大宇建设、GS 建设、Daelim 建设等公司。其中，Daelim 建设公司应用 BIM 技术到桥梁的施工管理中，BMIS 公司利用 BIM 软件 digital project 对建筑设计阶段以及施工阶段一体化的研究和实施等。

（五）日本

日本软件业较为发达，在建筑信息技术方面也拥有较多的国产软件，日本 BIM 相关软件厂商认识到，BIM 是需要多个软件来互相配合，是数据集成的基本前提，因此多家日本 BIM 软件商在 IAI 日本分会的支持下，以福井计算机株式会社为主导，成立了日本国产解决方案软件联盟。此外，日本建筑学会于 2012 年 7 月发布了日本 BIM 指南，从 BIM 团队建设、BIM 数据处理、BIM 设计流程、应用 BIM 进行预算、模拟等方面为日本的设计院和施工企业应用 BIM 提供了指导。

（六）北欧

北欧国家包括挪威、丹麦、瑞典和芬兰，是一些主要的建筑业信息技术的软件厂商所在地，如 Tekla 和 Solibri，而且对发源于邻近匈牙利的 ArchiCAD 的应用率也很高。

北欧四国政府强制却并未要求全部使用 BIM，由于当地气候的要求以及先进建筑信息技术软件的推动，BIM 技术的发展主要是企业的自觉行为。如 Senate Properties 一家芬兰国有企业，也是荷兰最大的物业资产管理公司。2007 年，Senate Properties 发布了一份建筑设计的 BIM 要求（Senate Properties BIM Requirements for Architectural Design，2007）。自 2007 年 10 月 1 日起，Senate Properties 的项目仅强制要求建筑设计部分使用 BIM，其他设计部分可根据项目情况自行决定是否采用 BIM 技术，但目标将是全面使用 BIM。该报告还提出，在设计招标将有强制的 BIM 要求，这些 BIM 要求将成为项目合同的一部分，具有法律约束力；建议在项目协作时，建模任务需创建通用的视图，需要准确的定义；需要提交最终 BIM 模型，且建筑结构与模型内部的碰撞需要进行存档；建模流程分为四个阶段：Spatial Group BIM、Spatial BIM、Preliminary Building Element BIM 和 Building Element BIM。

第三节　我国 BIM 技术发展及展望

BIM 技术的发展已经经历了三大阶段：萌芽阶段、产生阶段和发展阶段，现如今在国外基本已经普及，但在我国建筑行业只限于一些大型设计院和少数工程咨询类企业在开展应用。

一、BIM 在国内的发展状况

（一）香港

香港的 BIM 发展也主要靠行业自身推动。早在 2009 年，香港便成立了香港 BIM 学会。

2010 年，香港的 BIM 技术应用目前已经完成从概念到实用的转变，处于全面推广的最初阶段。香港房屋署自 2006 年起，已率先试用建筑信息模型；为了成功地推行 BIM，自行订立 BIM 应用标准、用户指南、组建资料库等设计指引和参考。这些资料有效地为模型建立、管理档案，以及用户之间的沟通创造了良好的环境。2009 年 11 月，香港房屋署发布了 BIM 应用标准。香港房屋署提出，在 2014 年到 2015 年该项技术将覆盖香港房屋署所有项目。

（二）台湾

在科研方面，2007 年台湾大学与 Autodesk 签订了产学研合作协议，重点研究建筑信息模型（BIM）及动态工程模型设计。2009 年，台湾大学土木工程系成立了工程信息仿真与管理中心，促进了 BIM 相关技术应用的经验交流、成果分享、人才培训与产学研合作。2011 年 11 月，BIM 中心与淡江大学工程法律研究发展中心合作，出版了《工程项目应用建筑信息模型之契约模板》一书，并特别提供合同范本与说明，补充了现有合同内容在应用 BIM 上的不足。高雄应用科技大学土木系也于 2011 年成立了工程资讯整合与模拟（BIM）研究中心。此外，台湾交通大学、台湾科技大学等对 BIM 进行了广泛的研究，推动了台湾对于 BIM 的认知与应用。

台湾的政府层级对 BIM 的推动有两个方向。首先，对于建筑产业界，政府希望其自行引进 BIM 应用。对于新建的公共建筑和公有建筑，其拥有者为政府单位，工程发包监督都受政府管辖，则要求在设计阶段与施工阶段都以 BIM 完成。其次，一些城市也在积极学习国外的 BIM 模式，为 BIM 发展打下基础；另外，政府也举办了一些关于 BIM 的座谈会和研讨会，共同推动了 BIM 的发展。

（三）中国大陆

近年来 BIM 在国内建筑业形成一股热潮，除了前期软件厂商的大声呼吁外，政府相关单位、各行业协会与专家、设计单位、施工企业、科研院校等也开始重视并推广 BIM。2010 年与 2011 年，中国房地产协会商业地产专业委员会、中国建筑业协会工程建设质量管理分会、中国建筑学会工程管理研究分会、中国土木工程学会计算机应用分会组织并发布了《中国商业地产 BIM 应用研究报告 2010》和《中国工程建设 BIM 应用研究报告 2011》，一定程度上反映了 BIM 在我国工程建设行业的发展现状。根据两届的报告，关于 BIM 的知晓程度从 2010 年的 60% 提升至 2011 年的 87%。2011 年，共有 39% 的单位表示已经使用了 BIM 相关软件，而其中以设计单位居多。

2011 年 5 月，住建部发布的《2011～2015 建筑业信息化发展纲要》中，明确指出：在施工阶段开展 BIM 技术的研究与应用，推进 BIM 技术从设计阶段向施工阶段的应用延伸，降低信息传递过程中的衰减；研究基于 BIM 技术的 4D 项目管理信息系统在大型复杂工程施工过程的应用，实现对建筑工程有效的可视化管理等。这拉开了 BIM 在中国应用的序幕。

2012 年 1 月，住建部《关于印发 2012 年工程建设标准规范制订修订计划的通知》宣告了中国 BIM 标准制定工作的正式启动，其中包含五项 BIM 相关标准：《建筑工程信息模型应用统一标准》《建筑工程信息模型存储标准》《建筑工程设计信息模型交付标准》《建筑工程设计信息模型分类和编码标准》《制造工业工程设计信息模型应用标准》。其中《建筑工程信息模型应用统一标准》的编制采取"千人千标准"的模式，邀请行业内相关软件厂商、设计院、施工单位、科研院所等近百家单位参与标准研究项目、课题、子课题的研究。至此，工程建设行业的 BIM 热度日益高涨。

2013 年 8 月，住建部发布《关于征求关于推荐 BIM 技术在建筑领域应用的指导意见（征求意见稿）意见的函》，征求意见稿中明确，2016 年以前政府投资的 2 万平方米以上大型公共建筑以及省报绿色建筑项目的设计、施工采用 BIM 技术；截至 2020 年，完善 BIM 技术应用标准、实施指南，形成 BIM 技术应用标准和政策体系。

2014 年度，各地方政府关于 BIM 的讨论与关注更加活跃，上海、北京、广东、山东、陕西等各地区相继出台了各类具体的政策推动和指导 BIM 的应用与发展。

2015 年 6 月，住建部《关于推进建筑信息模型应用的指导意见》中，明确发展目标：到 2020 年末，建筑行业甲级勘察、设计单位以及特级、一级房屋建筑工程施工企业应掌握并实现 BIM 与企业管理系统和其他信息技术的一体化集成应用。

二、BIM 的应用现状和前景

（一）BIM 的应用现状

我国的 BIM 应用虽然刚刚起步，但发展速度很快，许多企业有了非常强烈的 BIM 意识，出现了一批 BIM 应用的标杆项目，同时，BIM 的发展也逐渐得到了政府的大力推动。

1. 目前设计企业应用 BIM 的主要内容

（1）方案设计：使用 BIM 技术除了能进行造型、体量和空间分析外，还可以同时进行能耗分析和建造成本分析等，使得初期方案决策更具有科学性。

（2）扩初设计：建筑、结构、机电各专业建立 BIM 模型，利用模型信息进行能耗、结构、声学、热工、日照等分析，进行各种干涉检查和规范检查，以及进行工程量统计。

（3）施工图：各种平面、立面、剖面图纸和统计报表都从 BIM 模型中得到。

（4）设计协同：设计有上十个甚至几十个专业需要协调，包括设计计划，互提资料、校对审核、版本控制等。

（5）设计工作重心前移：目前设计师 50% 以上的工作量用在施工图阶段，BIM 可以帮助设计师把主要工作放到方案和扩初阶段，使得设计师的设计工作集中在创造性劳动上。

2. 目前施工企业应用 BIM 的主要内容

（1）碰撞检查，减少返工。利用 BIM 的三维技术在前期进行碰撞检查，直观解决空间关系冲突，优化工程设计，减少在建筑施工阶段可能存在的错误和返工，而且优化净空，优化管线排布方案。最后施工人员可以利用碰撞优化后的方案，进行施工交底、施工模拟，提高施工质量，同时也提高了与业主沟通的能力。

（2）模拟施工，有效协同。三维可视化功能再加上时间维度，可以进行进度模拟施工。随时随地直观快速地将施工计划与实际进展进行对比，同时进行有效协同，项目参建方都能对工程项目的各种问题和情况了如指掌。从而减少建筑质量问题、安全问题，减少返工和整改。利用 BIM 技术进行协同，可更加高效的进行信息交互，加快反馈和决策后传达地周转效率。利用模块化的方式，在一个项目的 BIM 信息建立后，下一个项目可类比的引用，达到知识积累，同样的工作只做一次。

（3）三维渲染，宣传展示。三维渲染动画，可通过虚拟现实让客户有代入感，给人以真实感和直接的视觉冲击，配合投标演示及施工阶段调整实施方案。建好的 BIM 模型可以作为二次渲染开发的模型基础，大大提高了三维渲染效果的精度与效率，给业主更为直观的宣传介绍，在投标阶段可以提升中标概率。

（4）知识管理，保存信息模拟过程可以获取施工中不易被积累的知识和技能，使之变为施工单位长期积累的知识库内容。

3. 目前运维阶段 BIM 的应用主要有

（1）空间管理。空间管理主要应用在照明、消防等各系统和设备空间定位。获取各系统和设备空间位置信息，把原来编号或者文字表示变成三维图形位置，直观形象且方便查找。

（2）设施管理。主要包括设施的装修、空间规划和维护操作。美国国家标准与技术协会（NIST）于 2004 年进行了一次研究，业主和运营商在持续设施运营和维护方面耗费的成本几乎占总成本的三分之二。而 BIM 技术的特点是，能够提供关于建筑项目的协调一致的、可计算的信息，因此该信息非常值得共享和重复使用，且业主和运营商便可降低由于缺乏互操作性而导致的成本损失。此外还可对重要设备进行远程控制。

（3）隐蔽工程管理。在建筑设计阶段会有一些隐蔽的管线信息是施工单位不关注的，或者说这些资料信息可能在某个角落里，只有少数人知道。特别是随着建筑物使用年限的增加，人员更换频繁，这些安全隐患日益显得突出，有时直接导致悲剧酿成。基于 BIM 技术的运维可以管理复杂的地下管网，如污水管、排水管、网线、电线以及相关管井，并且可以在图上直接获得相对位置关系。当改建或二次装修的时候可以避开现有管网位置，便于管网维修、更换设备和定位。内部相关人员可以共享这些电子信息，有变化可随时调整，保证信息的完整性和准确性。

（4）应急管理。基于 BIM 技术的管理不会有任何盲区。公共建筑、大型建筑和高层建筑等作为人流聚集区域，突发事件的响应能力非常重要。传统的突发事件处理仅仅关注响应和救援，而通过 BIM 技术的运维管理对突发事件管理包括：预防、警报和处理。通过 BIM 系统我们可以迅速定位设施设备的位置，避免了在浩如烟海的图纸中寻找信息，如果处理不及时，将酿成灾难性事故。

（5）节能减排管理。通过BIM结合物联网技术的应用，使得日常能源管理监控变得更加方便。通过安装具有传感功能的电表、水表、煤气表后，可以实现建筑能耗数据的实时采集、传输、初步分析、定时定点上传等基本功能，并具有较强的扩展性。系统还可以实现室内温湿度的远程监测，分析房间内的实时温湿度变化，配合节能运行管理。在管理系统中可以及时收集所有能源信息，并且通过开发的能源管理功能模块，对能源消耗情况进行自动统计分析，比如各区域，各户主的每日用电量，每周用电量等，并对异常能源使用情况进行警告或者标识。

（二）BIM应用中存在的问题

BIM在实践过程中也遇到了一些问题和困难，主要体现在以下4个方面：

1.BIM应用软件方面。目前，市场上的BIM软件很多，但大多用于设计和招投标阶段，施工阶段的应用软件相对匮乏。大多数BIM软件以满足单项应用为主，集成性高的BIM应用系统较少，与项目管理系统的集成应用更是匮乏。此外，软件商之间存在的市场竞争和技术壁垒，使得软件之间的数据集成和数据交互困难，制约了BIM的应用与发展。

2.BIM数据标准方面。随着BIM技术的推广应用，数据孤岛和数据交换难的现象普遍存在。作为国际标准的IFC数据标准在我国的应用和推广不理想，而我国对国外标准的研究也比较薄弱，结合我国建筑工程实际对标准进行拓展的工作更加缺乏。在实际应用过程中，不仅需要像IFC一样的技术标准，还需要更细致的专业领域应用标准。

3.BIM应用模式方面。一方面，BIM的专项应用多，集成应用少，而BIM的集成化、协同化应用，特别是与项目管理系统结合的应用较少；另一方面，一个完善的信息模型能够连接建设项目生命周期不同阶段的数据、过程和资源，为建设项目参与各方提供了一个集成管理与协同工作的环境，但目前由于参建各方出于各自利益的考虑，不愿提供BIM模型，不愿协同，不愿精确和透明，无形之中为BIM的深入应用和推广制造了障碍。

4.BIM人才方面。BIM从业人员不仅应掌握BIM工具和理念，还必须具有相应的工程专业或实践背景，不仅要掌握一两款BIM软件，更重要的是能够结合企业的实际需求制订BIM应用规划和方案，但这种复合型BIM人才在我国施工企业中相当匮乏。

（三）BIM技术的应用前景

BIM技术在未来的发展必须结合先进的通信技术和计算机技术才能够大大提高建筑工程行业的效率，预计将有以下几种应用前景：

1.移动终端的应用。随着互联网和移动智能终端的普及，人们现在可以在任何地点和任何时间来获取信息。而在建筑设计领域，将会看到很多承包商，为自己的工作人员配备这些移动设备，在工作现场就可以进行设计。

2.无线传感器网络的普及。现在可以把监控器和传感器放置在建筑物的任何一个地方，针对建筑内的温度、空气质量、湿度进行监测。然后，再加上供热信息、通风信息、供水信息和其他的控制信息。这些信息通过无线传感器网络汇总之后，提供给工程师就可以对建筑的现状有一个全面充分的了解，从而对设计方案和施工方案提供有效的决策依据。

3. 云计算技术的应用。不管是能耗，还是结构分析，针对一些信息的处理和分析都需要利用云计算强大的计算能力。甚至，我们渲染和分析过程可以达到实时的计算，帮助设计师尽快地在不同的设计和解决方案之间进行比较。

4. 数字化现实捕捉。这种技术，通过一种激光的扫描，可以对于桥梁、道路、铁路等进行扫描，以获得早期的数据。未来设计师可以在一个 3D 空间中使用这种沉浸式交互式的方式来进行工作，直观地展示产品开发。

5. 协作式项目交付。BIM 是一个工作流程，而且是基于改变设计方式的一种技术，而且改变了整个项目执行施工的方法，它是一种设计师、承包商和业主之间合作的过程，每个人都有自己非常有价值的观点和想法。

所以，如果能够通过分享 BIM 让这些人都参与其中，在这个项目的全生命周期都参与其中，那么，BIM 将能够实现它最大的价值。国内 BIM 应用处于起步阶段，绿色和环保等词语几乎成为各个行业的通用要求。特别是建筑设计行业，设计师早已不再满足于完成设计任务，而更加关注整个项目从设计到后期的执行过程是否满足高效、节能等要求，期待从更加全面的领域创造价值。

第四节　BIM 技术在建筑行业的应用

在数据来看，从二十一世纪初，我国的建筑行业的发展速度超过了 20 个百分点。即便是面临经济下行的压力，建筑行业仍保持着较好的增长势头。越来越多的超高层和异形建筑获得了批准立项。这也给建筑行业的技术设计、施工、管理、运营带来了更高的要求。BIM 作为一门高新技术，其能够完善建筑行业设计到施工再运营的全流程工作方法，且能够较好地服务于项目工程的寿命周期。可以说，BIM 的技术优势在于，其能够对建筑体形成全方位、多角度、多层次的预警处理。让建设项目甚至可以在出现问题之前就提出应对策略。BIM 全名为 Building Information Modeling，其最大的特征是跳脱了传统的二维图纸的建筑设计格局，利用三维数字信号的技术基础，将建筑工程的诸多信息整合成工程数据模型。在 BIM 的应用下，建筑工程项目的更多细节可以在图纸中进行表达。这在很大程度上提升了建筑项目工程相关工作开展的效率。

一、研究背景

（一）二维图纸在当下我国建筑应用中存在的短板

就当下的情况而言，我国正处在建筑行业发展的高峰时期，基础建设、城镇化、绿色建筑、智慧城市、西部现代化建设等等工程正在有序推进。越来越多的地标性建筑在不同的城市拔地而起。在繁荣的背后，也夹带着建筑行业的风险。原本传统的二维图纸已几乎无法满足当下项目各个参与主题之间的信息所需呈现的细节要求，在另一方面，在较为复杂的工程项目中，包含建设、设计、施工、监理、咨询、建材乃至设备提供等等多方面单位的紧密合作，而合作紧密性的提升，也在很大程度上让传统的二维图纸疲态百出。现实说明，图纸存在的严重问题，在很大程度上会影响工程开展的质量和效率，这在很大程度上是因为粗放的二维图纸，已难以支撑日趋加大难度的成本管控、建筑产品的流动管理、不同地区不同单位协同建设中的信息共享以及日趋复杂的施工作业。

（二）BIM 技术在我国建筑应用中的技术普及前景

BIM 技术因其自身的技术优势，在很大程度上解决了建筑建设和运营和各个专业系统之间的信息断层的难题，其依托于信息化的优势能够更好地服务于建筑行业的全流程工作。我国的住建部在《建筑业信息化发展纲要"十二五"期间总体目标》中明确提出：应完善信息系统在建筑行业中的普及应用，提速建筑信息发展模型（BIM）和以互联网为轴心跟进建筑信息体系的完善工作，将信息化建设放到我国信息化建设的重要位置，并以信息化为根基，推动建筑产业知识软件的产业化。在另一方面，近年来，我有不少企业积极在建筑技术上同西方发达国家接轨，承接了国际上许多有较大影响力的建筑项目，这在很大程度上提高了我国建筑产业在实际上的话语权的同时，也促进了 BIM 技术为主的建筑信息技术在我国建筑领域的普及。

二、BIM 技术在我国建筑行业应用中的作用

（一）为建筑设计过程提高效率

在传统的建筑设计方法中，主要是采取二维绘图的方式，建筑设计人员通过平面、立面和抛面来想想建筑体的空间形状。在西方发达国家，普遍采取的是直接绘画建筑体立体图形的方式，这种方式可以通过我国正在推行的 BIM 技术来实现。这一技术的优势在于，其完成的图纸可以夹带大量的工程项目的信息。设计的 BIM 也包含许多的图元，并且还附带足够的族和库，在 BIM 技术的支撑下，建筑设计人员可以方便地对建筑模型进行搭建。除此之外，在 BIM 技术中也包含坐标、尺寸、材质、构造、工期、造价在内的诸多建筑信息，还可以在设计之后自动生成相关的平面、立面和剖面视图。这种可视化的技术手段，让原本枯燥的建筑绘图工作变得充满趣味性，也减少了建筑设计人员立体想象的工作流程，从而降低了建筑设计中错误发生的概率。除了以上之外，BIM 技术的集成信息化工作机制，让不同地区、不同部门的协同工作成了可能，从而大大提升了建筑设计的效率。

（二）为企业招标投标降低误差

当下我国招投标领域主要是采取经过评审合格然后低价中标的模式。在投标的阶段，招标人主要负责对工程量的清单进行提供，投标人对招标人的工程清单进行投标报价。投标人的标书主要包含商务标书和技术标书两个部分。当前我国的建筑行业的标书主要是以商务标书为主。BIM 技术的优越性在于，其能够在建筑设计的过程中就顺便完成工程量的清单的编制和费用指标，这对招标过程中的标书对工程量的成本管控环节有着十分积极的作用。这样的方式，在很大程度上避免了投标人在无法足够准确了解工程预算的情况下中标后施工违规的情况。在另一方面，BIM 技术的建筑模型动态修改环节，为建筑企业招投标环节的动态成本管理建立了可能。可以说，BIM 技术不仅仅有利于招标人合理制定工程造价，也有利于投标人应用建筑信息模型来提高投标的中标率，同时避免了为中标而盲目低价竞争情况的出现。

（三）为建筑施工完善成本管控

当下很多业主单位均对总承包单位的 BIM 技术应用能力提出了要求，这在很大程度上说明 BIM 技术对建筑工程众多环节的精细化管理的积极作用。BIM 技术的确可以帮助建筑企业降低施工过程中的错误发生概率，从而有利于保证工程的施工质量、控制施工的成本并保证工程施工进度的合理推进。之所以能够保证以上内容，是因为 BIM 技术本身能够提供工程设计的三维效果图，尤其是该技术的动画和漫游功能为施工过程的土建和土建、土建和安装以及安装和安装过程实现碰撞检查。BIM 的技术优势有利于施工方提前发现施工过程中的问题并及时解决问题，从而较大可能地降低了出现问题后的返工或停工的可能性，与此同时，该技术优势也有利于施工方统筹兼顾，从而降低施工难度，控制建筑施工成本。

三、BIM 在建筑行业的十大应用价值

（一）更好地沟通与协作

数字 BIM 模型允许共享、协作和版本控制，而纸质绘图却无法做到。借助诸如 Autodesk 的 BIM 360 等云端工具，BIM 协作可以无缝地跨越项目内的所有部门，允许团队共享项目模型并协调规划。

同时，借助云端工具，项目团队可以在现场和移动设备上查看图纸和模型，可以实时访问最新的项目信息。

（二）基于模型的成本估算

许多建筑公司都意识到，在规划阶段，准确的成本估算至关重要，而施工过程中的成本变更又难以高效控制，这促进了基于模型的成本估算，即 5D BIM 的快速发展。5D

BIM将工期进度与成本估算加入到传统的3D建模，使建筑项目管理提升到了一个新的阶段。

例如Autodesk Revit和BIM 360 Doc等BIM工具可以自动完成成本量化的耗时工作，使估算人员能够专注于更高价值的因素分析，例如识别施工组件和保理风险等。

（三）施工前项目的可视化

使用BIM工具，设计人员可以在施工前期，通过可视化方式预览整个项目。

利用模拟和3D可视化，允许客户体验建筑空间设计，以便在施工前进行修改。这种施工前的预检查和预体验可以最大限度地减少后期费时费力的项目变更。

（四）改进协调和冲突检测

BIM可以让建筑公司更好地协调各分包商，在施工开始前检测任何MEP（暖通、电气和给排水）、内部或外部冲突。例如，电气管道是否会与钢梁发生碰撞？门口是否有足够的净空？

使用BIM软件，就有机会在现场施工之前进行规划，并提前预防这些冲突的发生，从而减少任何特定工作所需的返工量。

（五）降低成本和风险

据麦肯锡的一项研究显示，75%的采用BIM的公司都取得了正向的投资回报。利用好BIM，可以通过各种方式帮助建筑公司节省成本。

例如，与承包商的密切合作可以降低投标风险，降低保险成本，减少整体变化，降低索赔概率；在施工之前，对项目进行详细的可视化可以实现更多的构件预制，并减少未使用材料的浪费；同时，可减少在文档工作和错误沟通上的劳动力成本。

此外，随着越来越多的团队成员使用各种项目数据，BIM软件中的实时协作降低了公司使用过时信息的风险，从而确保在正确的时间提供正确的信息，这对完成一项成功的高质量项目至关重要。

（六）优化调度／排序

通过BIM的应用，施工方可以更精确地制定计划，并进行准确的沟通，而调度优化有助于项目能按时或提前完成。

此外，BIM允许同时完成设计和文档相关工作，并且可以轻松更改文档，以随时适应新的变化，如施工现场的环境变化等。

（七）提高生产力和预制能力

由于各项技术的进步，今天的建筑业越来越具备工业化的特征。而BIM对建筑工业化的推动功不可没。

BIM 数据可以立即生成用于制造目的地生产图纸或数据库，从而允许更多地使用预制和模块化构造技术。通过在受控环境中进行设计、优化和异地建造，从而可以减少浪费，提高效率并减少人工和材料成本。

（八）更安全的建筑工地

BIM 有助于提高建筑的安全性，发现潜在的危险所在，并通过可视化和现场规划来避免物理伤害。

同时，视觉风险分析和安全评估有助于确保项目执行过程中的工人安全。

（九）更好的构建与质量

协调模型可靠性的提高，可以直接提升建筑质量。通过共享的 BIM 工具，具有丰富经验的团队成员可以与项目所有阶段的建设者一起工作，从而更好地控制围绕设计执行的技术决策。

建筑项目的最佳方式是在项目初期进行测试和选择，并在开工之前发现建筑结构的缺陷。通过使用可视化，更容易的选择更好的设计美学，例如将自然光的流动引入到建筑设计中。然后，在施工过程中，利用现实捕捉技术来提高精度。

（十）加强设施管理和项目移交

通过 BIM，所有数据可以发送到现有的建筑物维护软件中，以供后续使用。承包商可以通过将设计和施工期间生成的 BIM 数据连接到建筑运营系统中，以完成建筑物的移交工作。

同时，BIM 能够提供准确的建筑信息和连续的数字记录，BIM 模型中的信息还可以在施工结束后赋予建筑物的数字化运营管理，对于建筑物整个生命周期中的设施管理和维修翻新带来事半功倍的效果，以最终帮助业主实现良好的投资回报率。

第二章　BIM 建筑设计初期的能耗分析

第一节　概述

一、能源消耗现状

众所周知,能源指的是可以直接获取能量的自然资源或经加工转换后获得能量的资源。根据能源获取方式不同可分为一次能源与二次能源。在自然界中,自然存在且可以直接获取、其基本形态不需要改变的是一次能源,有石油、天然气、煤炭、水力、风能、太阳能、地热能等。而经加工改变其物质形态的是二次能源,有煤气、电力、石油产品、沼气等。

对于全世界能源的使用情况,根据美国能源情报署对其基准状态的预测,2001 年至 2025 年,全球能源消费总量将有大幅上升,从 102.4 亿吨油当量增加至 162 亿吨油当量,将增加 54 个百分点。据欧盟等能源机构的预测,在 2020 年至 2030 年,将出现全球能源消费的最高峰。

总有一天全球化石能源将用尽,根据预测,将在 21 世纪基本开采完。《BP 世界能源统计 2006》的数据表明,全球石油探明储量可供生产 40 多年,天然气和煤炭则分别可以供应 65 年和 155 年。国际能源署在 2005 年经过分析得出一个结论,全世界能源需求至 2030 年将增长 60%,但仍将有"充足"的能源满足全球的需求。同时未来石油能源需求最大的增长点为运输部门,从现在到 2030 年,所占份额将从 47%上升到 54%,带来是二氧化碳的排放量将急剧上升,减排二氧化碳等温室气体将成为节能减排的关键。

根据国际能源署的消息,在产能方面,中东将增加石油资源的投资,还要加快开发和利用油砂等非常规资源,开发应用少量的氢能,更大的提升其可再生能源的发展潜力。至 2030 年可再生能源不仅是不可或缺的能源,同时能大大减少温室气体的排放。

中国作为全世界能源消费市场的主力军,其能源消费占全世界能源消费总量的 13.6%,就全球能源消费来讲,其趋势是越来越向中国等发展中国家聚集。根据专家预计,我国石油、煤炭、天然气的储采比约分别为 15、80、和近 50,相当于全世界平均水平的 50%,40%和 70%,皆大于全世界化石能源耗尽的速度。中国煤炭产量在未来 5 至 10 年,其基本可以满足国内的需求,而原油和天然气的缺口则很大,其产量不能满足我国的需求。对于中国来讲,应注重能源的节约利用,同时提高能源的利用效率,大力开发可再生能源。

二、我国建筑能耗现状

伴随着中国经济的飞速发展和逐渐提高的生活水平，在社会总能耗中，建筑能耗所占的比例越来越高，据统计，人类从自然界所获得的 50% 以上的物质原料用来建造各类建筑及其附属设施，这些建筑在建造与使用过程中消耗了全球能源的 50% 左右；同时作为发展中国家，处于经济高速发展和现代化的进程中，必须要协调好能源利用与保护环境的关系，坚持以人为本和可持续发展观，最大化的实现资源集约利用。

我国拥有世界上最大的建筑市场，有超过 400 亿平方米的建筑总面积，但有相对较高的单位建筑面积能耗，且我国每年新增加的建筑面积很大，达到 16 ~ 20 百万平方米，预计至 2020 年我国新增建筑面积会达到 200 亿平方米。随着经济的快速发展和人民生活水平的日益提高，中国建筑能耗还将持续增加，并将成为未来 20 年能源消费的主要增长点。

有统计数据显示，建筑的全寿命周期消耗的资源占到世界资源消耗总量的 50% 左右，产生的污染和二氧化碳气排放也占到世界总量的 50% 左右。在建筑的全周期生命，必须大大提高能源的使用效率和实现节能减排。如果仅在建筑的运行阶段实现建筑节能，其节能效果并不理想，还有一半的节能潜力没有完全发挥。

三、建筑设计初期能耗模拟和分析的意义

在处理建筑能耗高与世界能源紧张的矛盾时，提高建筑的节能性能，急需采用可持续的设计方法，同时不同建筑设计形式又会造成能耗的巨大差异。而我国的建筑节能设计标准只提供了建筑物综合指标（耗热量、耗冷量等）和辅助指标（围护结构热工性能等），而这种指标对于实际的某个设计项目和某种评价来说，都比较抽象，且可操作性也比较低。建筑是一个复杂的系统，各方面因素相互影响，很难从几个简单的数字就来判断设计的优劣，不同的建筑设计形式会造成能耗的巨大差异。

如果建筑设计师没有从设计之初就定量把握建筑的动态能耗，没有整体了解整座建筑物的能耗特点，那么优化设计就无从谈起。因此，需要利用动态的能耗模拟技术对不同设计阶段的方案进行详细的能耗模拟预测和比较，真正了解建筑物的能耗特点和变化，从而真正的进行建筑节能设计。

只有建筑师把可持续的设计观贯彻到建筑的设计阶段，才可能设计出真正的可持续性的节能建筑。与此同时，仅凭建筑师的主观判断或者经验，很难把握越来越复杂的建筑设计，而凭借当下先进的计算机技术，进行复杂的数据计算、实时的动态模拟、建筑物理环境性能分析等实现绿色建筑设计。而整合了大量建筑信息的 BIM 模型很好地实现了这一点，给设计师提供了一个良好的辅助设计工具。通过 BIM 应用软件创建简单的建筑信息模型，设计师可以随时方便地对设计方案进行建筑能耗模拟，同时根据得到的结果合理地进行方案调整，更好的实现节能。

随着我国对建筑节能设计的重视，不断提高新建建筑的节能要求，先后颁布了各种类型建筑的节能设计标准，同时得到地方政府的积极响应，许多地方性法规与行业规范也相继发布，极大地推动了建筑能耗的降低。但同时还存在各种阻力，进展速度迟缓。建设部在 2010 年检查建筑节能标准的执行情况，只有 26.4% 达到设计标准，达标的建筑占同期建筑总量的比例不高。究其原因，主要是由于建设单位为了控制成本，增加利润，其不愿意去执行国家与地方的节能标准，同时也存在主管部门监管不力的现象；还有就是没有高效的能耗评估机制与方法，导致设计人员没法准确把控建筑的能耗状况，对其热工性能及影响因素不了解，阻碍了节能措施的高效制定，所以降低建筑能耗和实现建筑节能的前提是建筑能耗的评估和分析。

四、建筑能耗分析技术的发展和研究现状

（一）建筑能耗分析方法发展状况

通常说的建筑能耗分析，就是对建筑使用过程中的能耗进行分析与计算。通过对建筑物的总体能耗及建筑设备运行中的能耗进行分析计算，从而对建筑的能耗有大致的掌控，来优化建筑设计，同时完善空调等设备的运行管理，其指导意义重大。根据数学建模，建筑能耗计算有两种方法：静态估算法与动态模拟法。

1. 静态估算法：将供暖期或供暖期中的各旬、各月的热耗量假设为稳定传热状态，不考虑各部分围护结构的蓄热影响。其算法简便，方便设计人员进行手算，其缺点是结果不精准。静态法主要包括：有效传热系数法、度日法、BIN 参数法、温度湿频法及满负荷系数法等。其在实际工程项目中大量采用。

2. 动态模拟法：这种方法考虑了影响建筑能耗的各个因素，用计算机模拟逐时、逐区建筑能耗，可以得到全年逐时的能耗变化。应用范围比较广泛，包括冷热负荷计算、建筑能源管理和能耗特性分析、建筑控制系统设计等。其计算比较直观和准确，但由于输入参数较多，操作起来比较复杂。

建筑能耗模拟适用于新建建筑与既有建筑的能耗分析。对于新建建筑而言，通过能耗模拟与分析，对建筑设计方案进行对比和优化，达到相关建筑标准和符合规范，还可以进行经济性分析等；对于既有建筑而言，通过能耗模拟和分析，进行计算基准能耗与节能改造后能耗的对比分析，来节省费用等。

（二）国外建筑能耗模拟技术的发展

国外很多发达国家在建筑物能耗评估中应用计算机模拟技术开始于 20 世纪 70 年代，与此同时作了深入的研究和实践工作，而美国是最具代表性的。就拿 DOE—2 来说，用于全世界 40 多个国家的节能分析与节能标准的研制，中国的《夏热冬冷地区居住建筑节能设计标准》中规定在建筑节能设计和确定节能综合性能指标时强制使用 DOE—2 软件。在

美国，有多达 120 多种与节能设计标准相关的软件，同时有 70 多种与建筑节能评估相关的软件，通过建筑物定性或者定量地能耗评估，使得采用节能规范时变得相对简单，而且让规范自身得到逐步完善和迅速发展。而加拿大在 20 世纪 70 年代后着手于建筑节能设计的研究，重视计算机模拟技术在建筑节能评估中的作用。

加拿大在 20 世纪 80 年代初开发了两个计算机应用程序：FRAMEV1S1ON 和 HOT—2000，设计师能够用 FRAMEV1S1ON 准确快速地得出不同玻璃窗及窗框的热性能，而 HOT—2000 用于校验建筑物运行的能耗。很多能耗模拟分析软件在许多欧洲国家被相继开发，发挥了巨大的社会效益和经济效益。

国外建筑能耗模拟软件的核心算法主要有两大类：反应系数法和热流平衡法，首先计算建筑全年冷热负荷，然后计算二次空调设备的负荷和能耗，接着计算一级空调设备的负荷和能耗，最后进行经济性分析。

（三）国内建筑能耗模拟技术的发展

20 世纪 70 年代中期，中国开始在国内介绍其他国家在建筑能耗模拟方面的发展，通过深入研究理论、大力开发软件和实际应用方面的实践，与发达国家之间的距离逐渐缩小。在研究算法方面，对传递函数理论、墙体传递函数、房间传递函数等都做了大量研究。并且在软件研发方面，也有了十足的进步，逐步建立了中国自己的软件系列。

相对于其他国家，中国的起步略微有些晚，能耗模拟的研究开始于 80 年代。其中能耗模拟软件 De ST 是最具影响力的，是由江亿老师组织研发的，其"状态空间法"的三维核心算法己使用在美国的 Energy Plus 软件上。De ST 包括一套完整的建筑物节能分析模拟软件，含四个版本，DeST—h 用于住宅能耗分析与优化，DeST—e 用于住宅的能耗评估，DeST—c 用于大型公共建筑的设计和空调系统的优化分析，DeST—ce 用于大型公共建筑的能耗评估。相继在 1000 万平方米以上的建筑上进行能耗分析，还包含国家重大项目，如国家大剧院和国家主体育馆等，促进了我国建筑节能设计的快速发展。

在我国还有很多建筑能耗模拟软件，包括 DOE—2 的简化版本，其由中国建筑科学研究院改编，还有 DOEIN 和用于标准评估的 CHEC 等，最近建设部科学技术司鉴定通过了"建筑节能措施的经济分析研究及 BEED 软件经济分析模块开发"的世界银行研究课题，其基于《民用建筑热工设计规范》与《民用建筑节能设计标准》研发设计，其主要作用是在推广新型节能材料的使用，而现在使用的新版本加入了一些新功能，针对北方采暖区的经济分析，还有建筑外围护结构的面积与造价计算，把物价上涨指数和资金的时间价值考虑在内，方便得出因采用各种节能措施后导致增加的成本与建筑使用期内的收益问题，还有动态投资的回收期等。处于中国能耗模拟分析评估软件领域的领先低位，因为与当前中国最新的建筑节能现状密切结合，具备其他模拟分析软件所没有的很多功能。

第二节　BIM 技术理论研究及建筑能耗模拟

一、BIM 在建筑全生命周期的具体作用

不管什么类型的建筑，一般遵循的操作过程可分为 5 个阶段：第一为可行性研究阶段；第二为方案设计、初步设计和施工图设计阶段；第三为施工和施工验收阶段；第四为交付使用、管理和维护阶段；最后为销毁阶段。在全过程中，因其所处的阶段的不同，参与活动的人及其进行的活动都各不相同，但又有着相关的一定的联系，从而确保项目的正常进行。而建筑信息是连接设计项目各过程的重要媒介，对最终交付使用建筑来说，建筑信息的传递是否准确无误、快速及时关系到最终设计意图的实现。

通过 BIM 模型可以有效地整合以上各阶段的信息。BIM 模型是一种全新的建筑设计、施工、管理的方法，将规划、设计、建造、运营等各阶段的数据资料全部包含在 3D 模型之中，让建筑整个生命周期中任何阶段的工作人员在使用模型时，都能拥有精确完整的数据，帮助项目团队提升决策的效率与正确性。

（一）可行性研究阶段

在建设项目的可行性研究阶段，BIM 为其在技术与经济上提供了可行性论证，提高了结果的准确性与可靠性。在可行性研究阶段，业主需要对建设项目方案的可行性做出决策，是否在满足建筑类型、质量、功能等的要求下还具有技术性与经济性。但是需要花费大量的时间、财力、精力等，才能得到可靠性高的论证结果。如果运用 BIM，建立概要模型的同时对项目方案进行模拟与分析，达到降低成本、缩短工期和提高质量的目的。

（二）设计工作阶段

1. 保证概念设计阶段的决策正确

在概念设计阶段，运用 BIM 技术，对不同的设计方案进行分析与模拟，在拟建项目的选址、朝向、外形、结构形式、耗能、施工与运营等问题上提供参考，使设计人员做出合理决策，同时为更多地参与方加入该阶段提供了有效的平台，做出的早期决策也能得到及时的反馈，保证了设计决策的正确性与可操作性。

2. 方便快捷与准确地绘制 3D 模型

通过 BIM 软件，在 3D 平台上绘制 3D 模型，有别于传统技术下的模型，需依据多个 2D 平面图创建，同时 BIM 技术下任何平面视图都由 3D 模型生成，不需要重新绘制，提高了准确性并且直观快捷，为业主、预制方、施工方、设备供应方等众多项目参与人员的沟通协调，提供了更好的平台。

3. 进行多系统的设计协作，提高设计质量

相对于传统的设计模式，各专业（建筑、结构、暖通、机械、电气、通信、消防等）之间极易出现矛盾冲突且解决困难。而有了 BIM 整体参数模型，能在建筑各系统之间进行空间协调、检查碰撞冲突，大幅度减少设计时间、设计错误与漏洞。同时运用与 BIM 建模工具相关的分析模拟软件，对项目的结构、通风、光照、温度、隔音、隔热、供水与废水处理等多个方面进行模拟分析，同时基于结果不断完善设计。

4. 灵活应对设计变更

对于设计变更，BIM 模型可以实现自动更新，如果施工图有细节变动，其自动在立面图、3D 界面、截面图、图纸信息列表等所有相关处做出自动更新修改，让设计人员和项目各参与方灵活处理，减少如施工与设计之间所持图纸不一样的情况。

5. 提高可施工性

国内建设项目一直在研究如何提高设计图纸的实际可施工性，由于专业化程度的提高，同时大多数项目工程采用设计与施工各自承发包的模式，导致设计与施工人员的交流很少，加上一大部分设计人员施工经验的缺乏，致使施工人员很难做到按设计图纸进行施工。而基于 BIM 的 3D 平台，加强了设计与施工之间的交流，在设计早期阶段让有经验的施工管理人员参与进来，深入推广如一体化项目管理模式等新工程项目管理模式，以完善和解决可施工性的问题。

6. 为精确化预算提供便利

在建筑设计的任何阶段，按照定额计价模式，依托 BIM 技术同时根据 BIM 模型的工程量得出工程的总概算；项目各方面如建设规模、结构性质、设备类型等均会随着设计的不断深化而发生变动、修改，在签订招投标合同之前其导出的工程概算可以给项目各参与方提供依据，做出决策，是最终设计概算的基础。

7. 利于建筑的可持续发展设计

在设计初期，利用 BIM 模型强大的兼容性，进行初步能耗分析，为设计注入可持续发展的理念，而传统技术是在设计完成之后进行能耗分析，大大减少通过设计修改来满足低能耗设计需求的可能性。同时其他各类与 BIM 技术具有互用性的软件在提高设计项目整体质量上也发挥了很大的作用。

（三）建设实施阶段

1. 在施工前纠正设计错误和漏洞

传统 2D 时代，各系统间的碰撞冲突在图纸上极难识别，直到施工时才被发觉，导致返工或者重新设计。而具有系统整合优势的 BIM 模型，可以自动检测系统间的冲突，在施工前修正解决，同时加快施工进度、减少施工浪费、甚至促进各专业人员的关系和谐。

2.4D 施工模拟、优化施工方案

BIM 技术将 4D 软件、项目施工进度计划、BIM 模型综合起来，模拟整个施工过程与

施工现场，以动态的三维模式显示，及时发现潜在问题（场地、人员、设备、空间、安全等），优化施工方案。同时模拟临时性建筑（如脚手架、起重机、大型设备等）进出场地的时间，发现问题并及时优化整体施工进度安排，节约时间和成本。

3.BIM 模型为预制加工工业化的基石

BIM 模型能生成详细的构件模型来指导预制化生产与施工，其 3D 化构件的形式便于数控机械化的自动生产。这种模式已成功运用于钢结构的设计制造与加工、金属板制造等方面。这种方法便于供应商对所需构件进行细节化的设计与制造，提高了准确性和缩减了工期与造价，消除了传统施工构件无法安装或者构件重新制造的尴尬境地。

4. 使精益化施工成为可能

BIM 建筑信息模型中包含各项工作所需的信息与资源，包括人员数量、材料数目、所需设备等等，为总承包商与各分包商的协作提供了基础，最大化地保证资源合理管理、削减多余的库存管理工作、降低无用的等待时间、大大提高了生产效率。

（四）运营维护阶段

BIM 建筑信息模型为业主提供所需的所有系统信息，在施工阶段所做的修改将同步更新到 BIM 模型中，并最终形成 BIM 竣工模型，作为各种设备管理的数据库，为系统的运营与维护提供基础。同时同步提供建筑使用情况、建筑入住人员数量、和建筑使用时间、财务等方面的信息；还能得到数字更新记录，用于管理改善搬迁规划。

二、BIM 技术下的能耗模拟

（一）BIM 理论用于建筑能耗评估的研究现状

建筑信息模型应用范围很广，在设计阶段可以实现全生命周期的性能评估，在建筑设计与节能、性能的模拟分析以及建筑的全生命周期管理中都有应用。Saad Dawood 等人提出架构用 3D 和 BIM 技术将 EIA（环境影响评价）、WLCCA（全寿命周期成本评估）以及 LCA（生命周期评价）融合起来。Yan Yuan 等人提出了一种方法，利用 BIM 在信息处理和定量分析上的功能实现了建筑设计和节能技术的协同作用。

与传统方法相比，在建筑能耗评估和分析中结合 BIM 技术可以有效解决其不足的地方，同时极大地提高分析效率。Kevin Tantisevi 等人提出用 BIM 技术计算建筑的 Overall Thermal Transfer Value（OTTV 整体热传递价值），并和传统的手动计算。TTV 的方法进行比较，实验说明用 BIM 技术耗时短，可持续性好。Tuomas Laine 等人认为用 BIM 作为数据源进行能耗分析，数据输入更为高效且分析过程中产生的数据可再利用。

（二）BIM 技术下的能量分析

设计师在建筑前期设计阶段的能耗分析相比设计最终阶段的能耗分析，其解决问题相对轻松，耗费的人力物力都很少。同时在设计早期得到建筑能量问题的反馈，处理这些问题也相对容易。建筑师如果有了有效的能量分析工具和建筑分析模型，就可以达到这个目的。

复杂的能量模拟软件已经有二十几年的历史了，但是如果使用这些程序，需要具备使用分析能量使用模式的复杂知识，同时需要具有程序的特别知识。但结果却不尽人意，在付出辛苦的努力和一定经费后，结果能量模拟只能由专业人士来执行，而仅有的一次能量分析也在设计的最终阶段。同时表明能耗分析对整个设计的作用很小，只是一种象征性的行为和验证工具，帮助设计师和客户证实能耗结果，并且很少被作为设计工具用与设计团队的合作。

现在建筑师拥有了一系列方便使用的工具—BIM，在设计的任何阶段都可以进行能量分析，不再像以前一样由专业人士来执行且费时费力，简单地增加一个考虑因素，从而建筑师就可以利用 BIM 分析软件结合虚拟的建筑数据设计出低碳绿色节能的建筑，而不需要花费额外的精力。

（三）BIM 技术下能耗分析的优势

就 BIM 软件 ArchiCAD 而言，ArchiCAD 可以提供详尽可靠的设计信息和必要深度的建筑模型细节，所有的这些信息能直接被 Green Building Studio, Archi PHYSIK，或经由工业标准格式转换导入的软件（如 ECOTECT）获取和使用，从而进行能量分析。这些专门为建筑师设计的工具可以从设计的起始阶段使用，帮助他们针对建筑物外围结构和材料创造出正确和符合法规的设计决策。

ArchiCAD 还支持 IFC 标准，其为专业建筑性能模拟软件如 Energy Plus 和 RIUSKA 提供了支持。因为这种软件完整集成了建筑与暖通空调（HVAC）的模拟程序，大大提高了规划、设计及建造过程中对于整个建筑物性能的模拟，开辟了节能、节约造价和提升室内空气环境质量的新途径。

结合工具，使用 BIM 技术能给建筑师和能源专家带来很多好处，通过 BIM 中的虚拟建筑，使用这些能量分析工具，在设计的任何阶段和时刻都能得到能量消耗信息的反馈。随着设计过程的深化而产生的设计变动，由于三维模型的所有数据都能自动更新且即时可用，从此设计师不再需要手动调节建筑外形加烦琐地重新模拟建筑物的环境以保持设计的更新，所以说，如果没有 BIM 建筑信息模型，整个设计过程将变得非常痛苦和低效率。

第三节 基于 BIM 技术的建筑能耗分析方法

一、建筑能耗模拟的概念

建筑能耗有广义与狭义之分。广义能耗指的是建筑从场地整理、到建造、施工、使用、销毁过程中的能源消耗。狭义能耗指的是建筑在使用过程中（采暖和制冷、电气、照明和通风）消耗的能源，通常指建筑用于等的能源消耗。一般研究的是建筑采暖和制冷所产生的能耗，本论文也是基于与建筑自身舒适度相关的建筑采暖和制冷能耗。

建筑能耗模拟则是指通过计算机建模和计算分析，对建筑物的使用能耗进行预测评估。其方法是要建立数学模型对建筑进行准确描述，同时对可能会影响建筑能耗的各种因素进行准确的描述。建筑能耗模拟具有复杂性和动态性，能耗的变化是动态的，如建筑形体、屋顶的构造形式、墙体的颜色和保温、玻璃材质的选择、遮阳等都会对建筑能耗产生影响，其相互关联，过程又极为复杂。

二、建筑能耗影响的主要因素

影响建筑能耗的因素很多，如表格 2-1 所示，对影响建筑能耗的各因素进行统计，其主要分为三类，一是指建筑周边环境及气候因素的外部条件；二是与建筑设计相关的因素；三是和建筑的运行管理相关的因素。专业能耗模拟软件是基于这三类因素的影响进行考虑，而在实际的运行中，以上因素之间也相互影响，并影响建筑的能源消耗。

表格 2-1 建筑能耗影响因素

分类		因素
外部影响	地域气候	空气温度、空气湿度、风速、风向、太阳辐射量、经纬度、气压风速、降雨量、海拔、云量
建筑设计	功能使用	建筑的使用性质，大致可分为住宅、商业、办公。具体每个房间都有特定的使用性质，例如卧室、卫生间。
	体型体量	形状，层数、面积、高度等
	内部影响	设备发热、人员密度、人员活动、地板，家具等
	围护结构	屋顶、外墙、内墙、门窗等的材料，门窗洞口的大小等。

	分类	因素
设备运行	空调系统	室内设计参数，系统种类，新风等
	照明系统	照明的管理，照明功率等
	热水系统	热水系统类型及工作状况
	其他设备	电梯、电脑、打印机、电话等

如果要大大降低建筑的能耗，光进行定性分析是不够的，需要定量分析建筑耗能，找出其与各影响因素的关系，确定影响大的因子，对建筑节能设计的优化和节能措施的制定来讲是非常重要的。

（一）外扰对能耗模拟的影响

建筑室外的气候环境即外扰，空气温度和湿度、风速和风向、太阳辐射强度等都在外扰范畴内。外扰通过围护结构，以热对流或热辐射方式和室内环境进行热交换。

（二）建筑本体因素对能耗模拟的影响

建筑本身的属性和一些参数即建筑本体因素，包括其几何造型、结构的材质等等。其他影响因素都直接或间接的由建筑本身作用于建筑，对建筑室内环境产生影响，其充当了建筑热交换的媒介，从而导致建筑室内湿度、温度及光照、透气性等方方面面的改变。所以建筑本体设计的好坏，会直接对建筑能耗产生影响。

建筑本体因素有很多，主要由建筑朝向、建筑形体、外墙与屋面的传热系数、地面热阻、窗墙比、外窗传热系数和遮阳系数等因素组成。在夏热冬冷地区，建筑本体因素对建筑能耗的影响主要有以下几方面：

1.不透明结构主要包括外墙、屋顶和地面，对能耗的影响主要体现在传热系数和热惯性两个指标。一般而言，传热系数越小，建筑的保温隔热性能越好，建筑能耗也越小。另外，不透明结构具有较大的热惯性，通过其传递的热量及温度波动与外扰之间会存在一定的衰减关系。结构的热容量越大，蓄热能力就越大，热稳定性就越好，这对减少建筑能耗有积极的意义。

2.半透明结构主要指外窗，对建筑能耗的影响主要体现在传热系数、遮阳系数（SC）、可见光透过率和气密性四方面。与不透明结构相比，外窗的保温隔热性较差，尤其在冬季，通过外窗的热损失非常大，所以改善外窗的热工性能对建筑节能有重要意义。外窗传热系数对能耗的影响和不透明结构类似，传热系数越小，保温隔热性能越好。遮阳系数（SC）是指在法向入射条件下，通过半透明构件（包括透光材料和遮阳设施）的太阳得热率，与相同入射条件下通过标准构件（3mm透明玻璃）太阳得热率的比值。SC值越小，外窗抵挡太阳辐射的能力越强。这对夏季降低制冷负荷有利，但却不利于冬季采暖。可见光透过率是指在透过玻璃组件的太阳光中可见光所占比率。比率越高，自然采光越好，室内的照明负荷越小，且可见光携带的热量并不多，对空调负荷并无太大影响。外窗的气密性则对外窗的冷风渗透热损失影响很大，气密性等级越高，热损失就越小，这样能显著降低冬季的采暖能耗。

3.窗墙比是指外窗洞口面积与立面墙体面积的比值，对能耗的影响比较复杂，不同地区、不同朝向，窗墙比对能耗的影响都不同。一般来说，由于窗户的保温隔热性能不如墙体，随着窗墙比的增加，建筑能耗尤其是夏季的供冷负荷会逐渐变大。但考虑室内采光需要，窗墙比并非越小越好。

4.体形系数是指建筑外表面积和建筑体积的比值，它反映了建筑单体外形的复杂程度。体形系数越大说明单位体积所对应的外表面积越大，则通过外表面积和室外交换的热量越多，建筑能耗也越高。

5.建筑朝向不同，各垂直面受到的太阳辐射强度也不一样。同时，由于各地主导风向不同，建筑朝向还会很大程度上影响建筑自然通风状况，从而成为影响建筑能耗和室内空气质量的重要因素。

（三）内扰对能耗模拟的影响

室内人员及照明、空调等电气设备的散热、散湿过程即内扰。这个过程对房间的热作用，包括潜热和显热两方面。散湿过程导致潜热散热，而显热散热是指其与室内环境之间通过两种形式进行热交换，一种是把热量直接通过对流的形式传递给建筑室内的空气，另外一种以辐射的方式进行热量传递，其对象为周围各个表面，再通过室内空气与各物体表面进行对流换热，还是逐渐将热量传给建筑室内的空气。内扰影响因素由设备与照明的功率、人均占有面积、空调运行时间、室内设定温湿度、制冷剂 COP、换气频率等组成。

三、传统建筑能耗分析的流程和问题

（一）分析流程

我们知道，对于建筑工程项目而言，在设计阶段进行能耗模拟分析应该越早越有利，最好在概念设计阶段就应该开展能耗分析工作，就整个工程来说，不仅大大节省了人力物力，同时最为关键的是节省了时间，即使出现很多问题，也不需要由于返工而进行大量的修改工作。就目前中国而言，传统的建筑能耗模拟分析情况堪忧，就分析的时间来说，大部分在设计施工图阶段以后才进行建筑能耗的计算与评估，还有部分甚至在建筑施工或者建筑交付使用后才来做建筑能耗分析这一重要过程，众所周知，如果项目出现任何问题，越到后期处理起来越麻烦。还有些企业为了通过节能设计标准，通过采用谎报数据的形式，导致节能建筑的发展非常缓慢。

为了发现建筑存在的能耗问题，如果建筑能耗分析在设计方案完成之后进行，导致大量工作是在修改方案，更有可能将方案重新设计，或者进行大量的修改与变动，导致大大增加整个设计的难度，同时会波及下一阶段的设计任务，影响其质量和设计的进展程度。所以在方案设计阶段时就应该进行能耗模拟分析，同时配合节能标准的运用，大大降低不利现象的发生。

（二）存在的问题

1. 分析工具的选取困难

目前，对希望通过能耗模拟分析软件来辅助设计的建筑设计者而言，要在众多工具中找到最适用的一个并不容易。在形式功能、内容操作上不同工具各不相同，且其适用的对象范围也不同，尽管在一定程度上他们的使用功能存在交叉，但是如果没有对各类工具的特性进行全面的了解，要选择出真正满足建设项目需求的工具是不容易的；再者对于特定的建设项目，其所在的现实环境是复杂多变的，对其的了解需从多角度、多层面考虑，所以要确定哪种工具更适合该项目的需要就更难了。

2. 模拟结果的准确性有待提高

我们会发现传统能耗模拟软件模拟时得到的结果常与实际不符，对同一建筑使用不同软件在同等条件下进行能耗分析，其结果存在较大差异。其原因很多：

（1）由于标准及设计手册的复合计算方法一般是采用静止、稳态的计算方法，对于渗透通风等都采用了近似的方法，且标准及设计手册在设置气象参数时采用的是累计年不保证多少天数据，即极端条件下的气象参数。而模拟软件的计算方法则是考虑了历史的影响采用较为复杂的数值计算动态的方法，采用典型气象数据设置气象参数。

（2）由于对专业问题认识不足，在进行建筑能耗模拟时，输入模型时无法创建与实际相同的可以接受的模型。

（3）只关注软件的界面，对软件的基本算法及优点及局限性问题等完全不了解，在使用时无法选取合理的软件，做出合理的数据输入和评价。比如，在计算时运用 DEST 等软件假设系统都是线性的，它无法处理变物性材料、相变墙体等非线性问题。若用户对此不清楚就会得出欠佳的结果。

从客观原因来讲，由于建筑的热湿过程复杂受很多因素影响，而在实际计算，对软件进行假设和简化都是设计者根据自身对其理解而定。建筑环境的基础数据如材料特性、气象资料等对建筑能耗模拟的结果影响很大，而在我国仍然缺乏包括气象参数数据库、材料热物性数据库、设备在多工况下的数据库等基础的数据库。

3. 结合规范的专业建筑节能评估软件缺乏

目前我国与节能规范相结合的模拟软件还很少，仅有 PKPM 等少数软件与建筑节能设计标准相关。但是 PKPM 软件建立的分析模型也欠精准，对模拟分析的结果会造成一定的影响。

4. 能耗模拟软件和经济性分析结合不够

目前我国设计者在使用软件进行能耗模拟的时候，不关注建筑的经济性分析，大多只关注能耗的计算，而很多软件缺乏经济性分析模块，寿命周期费用分析方法与现有软件结合程度不够。

四、BIM 建筑能耗分析技术的方法

从某种程度上来说，可持续建筑是将建筑导致的环境影响最小化。其高效利用能量是其最重要的一个特点，达到建筑全生命周期内减少能源消耗的目的。而建筑设计是十分重要的，如建筑的形体和方位，会对建筑的能量消耗产生很大的影响，因此设计师应该持高度负责的态度，考虑所设计的建筑对环境的影响。

设计师在建筑前期设计阶段的能耗分析相比设计最终阶段的能耗分析，其解决问题相对轻松，耗费的人力物力都很少。同时在设计早期得到建筑能量问题的反馈，处理这些问题也相对容易。建筑师如果有了有效的能量分析工具和建筑分析模型，就可以达到这个目的，BIM 技术就很好地为我们解决了这个问题。

在利用 BIM 技术进行建筑设计的过程中，实现实时分析和预测各种设计方案建筑耗能的功能（real—time feedback on energy performance during design），这是绿色建筑师对 BIM 设计软件提出的要求，也是 BIM 技术对绿色建筑、节能建筑的一大贡献。各大 BIM 软件公司如 Autodesk，Bentley 和 Graphisoft 都在朝这个目标前进。

就 Autodesk 公司而言，在项目概念设计初期，设计师通常根据建筑功能和创意美学创建多种建筑造型，这些造型在可以使用 Revit 中的体量模型实现，Revit MEP 2012 提供的能量分析用于概念设计阶段对建筑体量模型进行能耗评估，用户通过 Internet 提交分析请求进行能耗评估。

就 ArchiCAD 而言，Graphisoft Eco Designer 是 ArchiCAD14 的插件应用程序，建筑师可以根据建筑几何分析、建筑物所在位置的气象数据、以及直接的用户输入，对 ArchiCAD 内的建筑物进行能量估算。

Graphisoft Eco Designer 可以提供项目的年度能量消耗、碳足迹及月度能量平衡的信息。我们知道，大部分影响建筑物能量性能的设计决策都是由建筑师在设计的初期阶段决定的；小部分由工程师在后面的设计阶段中提出。因此对于我们建筑师来讲，在建筑设计的前期，能够对建筑的能源性能进行一个快速可靠的评估是非常重要的。Eco Designer 可以向建筑师提供可靠的建筑设计能量分析，并且能够在不同设计的解决方案之间进行比较。

（一）Eco Designer 的工作流程如下：

1. 创建模型。首先在 ArchiCAD 中建立模型，建立表示有效保有能量的包络建筑结构和主要室内结构的模型，才能成功进行估算。

2. 自动模型分析。Eco Designer 能自动将结构标记，定义能量计算的结构群组，而且

选中的结构在平面图和 3D 上着色显示，在模型检查面板上，设计师可以修改并调整自动结构标记的结果。

3. 位置和功能的定义。Eco Designer 从一个在线的气象资料库中获得有关的气象资料（气温、相对湿度、风速和阳光辐射率），或者在因特网无法连接时从内置的资料库获取。

4. 结构和模型预览。按需要手动调整结构组合以提高计算的精确度。

5. 额外的计算输入。我们可以从操作界面快速定义运行能量平衡计算所需的主要参数：

（1）定义建筑结构和洞口的材料及其热特性。可以从材料的预定义列表中选择值设置。

（2）用内置的"U 值评估"定义复合结构的传热系数。

（3）定义建筑物的机械系统（如热力、通风）和能源，以及它们的成本。

（二）建筑位置和功能的定义

首先需要定义项目的位置，项目位置由地理坐标和自定义的名称定义，定义完成后 Eco Designer 就可以得到指定位置相关的气象资料（气温、相对湿度、风速和阳光辐射）。

（三）结构参数的定义

在结构面板，结构标签页可看见自动模型分析所收集的信息，并且可分成以下三个主要类别，输入与建筑结构特征有关的相关信息：

1. 建筑外壳元素（这些元素类型列示在此标签页的主窗口，建筑外壳元素成组列出：所有方向、元素类型、填充和厚度相同的元素都聚集在一起，并列示为一个单一的条目，带有与能量评估相关的属性：面积、厚度、U 值、表面和渗透。）

2. 室内结构（将定义它们的总热储量）。

3. 地下结构（将定义它们的绝缘属性）。

此外，还显示基本条件的建筑几何图形（面积和体积）。

（四）洞口参数定义

转到洞口面板，Eco Designer 对话框列表的洞口标签页会根据方向和洞口类型，列出所有建筑洞口的数据。

洞口不会逐一列出，而是将洞口类型和方向的数据汇总。洞口目录是一个范围广、与能量计算相关的建筑物理信息数据库，包括玻璃%、U 值、TST%和渗透。在建筑外壳上的洞口建入的结构，按主要类别（窗户/玻璃门/玻璃幕墙、进气阀、室外门和天窗）组合，它是一个下拉的详细列表，能够容易进行快速访问和选择。

（五）MEP 系统和能量的定义

系统和能量面板，为建筑规划 MEP 系统和能量配置。

1. 热力类型

选择这三个选项的其中一个选项来描述建筑的热力系统。

（1）自然热力选项；这个是为每年供热所需的能量很低、气候温暖的国家而开发。假如居民无法忍受内部气温下降到低于一年几个严寒的夜晚或早上规定的水平，则必须安装热力系统。在这样的情况下将热力类型设置为自然，Eco Designer 的计算引擎假定外部空气足以达到加热的目的。

（2）本地锅炉 / 热水器选项；能量由项目所在地的本地系统来供应。

（3）区域热力；所评估的建筑热力和 / 或热水需要由外部装置以通过管道的热水或蒸气方式来供应。如果比例和设计正确，区域热力相对于本地锅炉的选择更加有效。

2. 冷却类型

有四种冷却类型来描述建筑的冷却系统：

（1）自然冷却与 MEP 系统无关，自然气流的作用是使建筑物降温，同时对生态环境的影响最小，但由于外部空气的温度并非永远足以达到冷却的目的，因此它是有限的。

（2）机械冷却的意思是空调系统的某种类型要在建筑物中安装，空调类型可定义水冷式或空气冷却这两种类型。

（3）区域冷却，如果建筑可以连接到一个外部冷却系统，则选择区域冷却并用燃料按钮定义区域冷却装置所用的一个或多个能量源。

（4）供冷却的热泵，如果要安装热泵以使用可持续的能量实现冷却，则选择此选项。

3. 通风方式

指定用于建筑物的通风类型，然后输入一个每隔一小时的换气率值，这个目标值取决于国家的标准，并且随着建筑物的功能和当地气候不同而变化。

（1）自然通风与 MEP 系统无关：自然气流驱使新鲜空气进入建筑物，并逐出废气，从生态学的角度来说，自然通风更适于机械的解决方案，但有很大局限性，它的应用严重受限于住宅建筑。除居住以外，对于建筑的功能，这些标准通常规定了严格的目标气体交换值，它们需要某种机械通风系统：

（2）只排气系统依靠风扇抽出房间的废气。

（3）供气并排气系统机械控制进气和排气的过程，从而启用每小时换气的精确规划。

（六）绿色能源定义

用此标签页输入利用持续性资源的 MEP 系统数据，能量回收系统可显著提高建筑MEP 系统的效率，通过收回在其他方面损失的能量，或从持续外部输入，为建筑阶段中的一些额外的初期投入带来利益。

我们知道，建筑在设计过程中使用绿色策略，使用绿色能源，能显著降低建筑的能耗，在 BIM 软件 Archicad 中，对使用绿色系统的建筑，我们可以定义建筑使用的绿色系统，设置补充能量或者利用可持续的建筑系统的数据。

这样的系统能显著提高建筑 MEP 系统的效率，通过回收在其他方面损失的能量，或从持续外部输入（如太阳照射或地热能量）中获得补充的能量，所以在建筑设计阶段一些额外的初期投入可带来很大的利益。

1. 太阳热采集器是为了通过吸收太阳光并将太阳辐射的能量转换为更适用的形式进行采热而设计，我们可以在 Archicad 中编辑计算所需的采集器的几何数据，包括采集器的面积，角度及倾角，还可以设置回收太阳能的目标。

2. 空气间能量回收系统可回收机械排出的通风空气的一部分热含量，但空气间回收控制项只在选择了涉及机械排气的通风系统时才可使用。

3. 热泵系统，可以设置的有地下水、海、土壤、外部空气和废气，可以指定系统的容量（如千瓦）和能量的目标应用。

（七）结果分析与解读

建筑能量评估报告以数值数据、饼形图和条形图的形式显示能量评估结果。

1. 关键值

评估报告的关键值部分按照用户在 Eco Designer 对话框的第一个标签页指定，显示基本信息如项目名称、位置和活动类型，同时显示评估日期。条件区域和通风体积从结构标签页中提取，外热容量相对于外部气温测量热量存储的建筑结构容量，它测量靠近墙的阻力，这有助于减少通过墙的能量起伏。

在关键值部分，列出了整个建筑物、每个建筑结构组合及建筑外壳洞口所计算出的传热系数的最小值和最大值。

2. 能量消耗

评估报告这一部分包括一个表和三个饼形图。表最左边列出了百分比的能量源，以及它们在饼形图中所用的颜色代码。这两个年度统计列列示了一年消耗每种能量源的数量[如千瓦小时/年]和价格[货币/年]。

3. 月度能量平衡

月度能量平衡条形图是建筑物排放能量数及建筑物供应能量的图形显示，每月从环境吸收的能量数及其本身的内部热源。排放的能量和供应的能量条每月必须相等。图的垂直轴显示能量的比例尺，沿着水平轴，显示一年十二个月，图的右侧列出制作成图表条形的能流。

在独特的能量评估报告上出现的这些能量平衡组成部分的数字和类型，取决于评估建筑 MEP 系统所输入的数据。

第四节　BIM 能耗分析辅助方案节能设计的策略

一、BIM 技术辅助方案节能设计

（一）BIM 技术在方案各阶段辅助方案节能设计的方法

根据方案设计总体的流程，对设计初期阶段进行划分，总结各阶段面临的主要问题和难点，设计过程是一个逐渐深入的逻辑过程，各阶段所遇到的与可解决的问题都不相同。因此，依托 BIM 技术，找出关键性的问题，结合 BIM 的能耗分析结果，进行一种交互式的方案比选和优化。

基于 BIM 的建筑环境分析软件 ECOTECT 和能耗分析软件 Eco Designer，依据建筑设计初期要解决的主要问题，总结出建筑节能设计的方法，分为 BIM 技术下方案前期的场地分析与布局，方案概念设计阶段节能的设计方法和方案深化设计阶段节能的设计方法。

（二）BIM 技术辅助建筑节能设计应侧重前期方案的比较而非结果

利用计算机来进行建筑热工性能、能耗、采光环境、通风状况等的模拟一直处在一个比较尴尬的境地，从分工来讲，它横跨了建筑设计、建筑环境、建筑技术、设备工程等很多专业，每个专业都有自己的要求，准确性一直是各方关注的重点，但准确到什么程度各方却有自己不同的看法。技术专业的人员认为计算机不能准确模拟现实的复杂情况，与实际情况相比，存在较大的差距，有时甚至出现错误模拟的情况。相比较技术人员，设计师希望计算机模拟技术能辅助发现设计上的问题，同时辅助设计师做出合理的调整完善，这时就会怀疑计算机模拟辅助建筑设计的作用，它能为我们做什么，关键是我们要它做什么？

首先我们要明确方案设计初期的主要特点，才能找到针对其特点的辅助工具。总的来讲，其特点可以概括为：

1. 方案设计的可变性大。各参与方对设计的交流沟通是方案设计阶段主要任务，包括项目的定位、业主的要求等。方案设计有很多可能性，很多因素都没确定，设计师可以从不同的方向入手；从概念的产生到深化概念设计，是一个不断变化和深入的过程。在方案初步设计阶段，设计师能发现设计中存在的不理想的能耗问题，同时是对设计的具体改进，如果能及时做出修正和优化，相比在设计后期使用设备，具有更大的节能意义。

2. 方案设计具有很强的不确定性。对建筑能量分析而言，方案设计阶段具有很强的不确定性，因为基于建筑材料和设备属性信息才能进行传统建筑能耗分析，但这些条件在方案设计阶段是不具备的，设计师也不可能会有太多分析和考虑。从概念设计到初步设计是逐步深入的，呈现一种循序渐进的状态，采用渐进式的信息输入方式，所以能量分析工具需要适应其特点，同时对建筑设计的变化，快速的做出相应的反应。

在建筑设计的早期阶段，建筑能量的分析和评估是基于各种量化的设计指标和属性的，达到增加设计的准确性、科学性和合理性的目的。广大设计师普遍接受通过辅助分析专项设计指标，来进行反馈优化设计，并且国外的很多项目都已经实际采用。

因为在方案设计初期，设计还没达到一定的深度，BIM 模型还没那么详细，所以这阶段的能耗模拟并不精确，但是在比较不同方案之间的优劣性时，是非常具有优势的。借助 BIM 技术能为建筑师提供更加直观，更加理性的设计依据。当然，建筑不是只考虑对节能的要求，在设计中也要满足其他客观功能的要求；在满足建筑设计客观需求的基础上，BIM 技术同时综合考虑不同因素的影响，让建筑往更生态节能的发展方向发展，这才是 BIM 技术辅助建筑节能设计的指导作用。BIM 技术并不是对设计的终极检验，而是对设计的实时辅助。概念阶段的设计决定了一个设计方案能效的优劣，如果在这个阶段没有发现设计存在的问题，任其发展，就会花费很大的力气进行后续的建筑能量设计工作，而且其修补工作也相当被动。

（三）BIM 技术下方案设计初期能耗分析的目的

1.在设计初期对建筑方案进行能耗评估，重在各建筑方案间的比较，帮助设计师了解之间存在的差异，也是对其使用各种设计策略后产生的结果进行比较，同时并不关注建筑能耗分析的结果准确与否，但一定要在相同的条件下进行比较。所以建筑师要牢记这一点，如果过分专注能耗模拟结果的准确性，需要耗费巨大的精力和大量的时间，这对早期阶段的设计来说是不必要的。

2.让设计师、甲方、项目管理人员对建筑使用过程中的能耗状况有所了解和掌握，就其关注的问题，如多久可以收回建筑设计为降低运行能耗而进行的初期投入？在使用过程中不同设计方案能达到什么程度的节约成本的目的？基于建筑能耗模拟分析，增加了设计师与非专业人员之间沟通的机会，有效合理的讨论问题和解决矛盾，不仅使各方参与积极性提高，而且保证顺利的推进项目。

（四）BIM 技术在建筑集成化设计中的运用

基于 BIM 建筑信息模型的集成化设计是建筑设计的发展趋势，能耗模拟已成为被集成的一个功能，从真正意义上起到辅助和优化设计的作用。在建筑集成化设计过程中结合 BIM，可以不断优化个建筑设计阶段，有利于真正实现建筑的生态节能设计。

集成化设计是建立在多学科的合作上的，其要求各专业的设计人员利用各种手段实现同步的交流沟通，在设计起始阶段建筑师与工程师建立起来的合作关系，成为整个建筑系统能否达到最佳状态的先决条件。而 BIM 技术不但能把问题解决，还能解决参与项目人员间相互合作的问题，同时为各设计阶段的参与人员（业主、设计人员、用户、承包商等）的相互合作提供一个共同平台。只要 BIM 虚拟建筑模型建立起来，各专业设计人员都可以在任何时候、任何设计阶段自由、直观、生动地交流与沟通。而当设计师或工程师对任何一个数据进行修改时，其他相关数据也会自动更新。基于BIM技术，在设计的不同阶段，设计者可以形象地表达自己的设计意图，增加与业主沟通的机会，同时提高工作效率和设计质量。

BIM是集成化设计的一种手段、工具和技术，为建筑集成化设计提供一个直观的完整的信息集成体，确保了在集成化设计过程中，在形式、功能、性能、成本上等与绿色节能建筑设计策略很好地紧密结合。所以在集成化设计中结合BIM技术，设计师能更早、更全面、更直观地发挥他们的想法；建筑与暖通空调也可以共同实现最优化设计，节能观念的注入不再是对建筑设计的补充，而是建筑设计的一部分，对于建筑可持续发展来说，有着重大意义。

二、BIM 辅助方案前期的场地分析与布局

我们知道，场地一般指的是建筑物所处的环境，包括物质和文化条件，物理范围可以涵盖建筑物周围的一切环境因素，而心理和文化范围则更加广阔，几乎涵盖了人文科学的各个层面。对于传统的建筑设计手法，建筑师会根据经验和自己对场地的理解对场地进行设计，但场地设计涵盖这么多内容，到底如何下手分析还是有很大难度。但在BIM技术下，方案前期的场地分析变得理性和有理可循，主要包括场地的自然条件和建设条件分析。

（一）场地气候条件分析

气候是一个长期的过程，又是一个宏观的概念，从本质上讲，建筑是人类适应气候环境条件的产物，"气候"是指某一地区多年的天气特征，由太阳辐射、大气环流、地面性质等因素相互作用决定的。通过对建筑场地气候的分析，利用各种技术手段，从规划、建筑等不同方面入手，为人类创造舒适和健康的微气候环境，提高工作和生活的质量。

1.Weather Tool 工具

在BIM技术下，在建筑设计的最初阶段，全面地对场地的气候条件进行分析，以此来进行节能建筑的设计，同时使建筑的能耗进一步地降低。利用建筑环境分析软件ECOTECT 中的 Weather Tool 工具，其具有可视化的逐时气象数据分析和转换功能，在方案建筑设计时通过分析气象数据，气象资料可以被直观快速地得到，同时了解建筑所处地区的环境；在焓湿图中，可以得出建筑所在地区的热舒适性区域；基于焓湿图策略分析，得到采用各种被动式设计策略前后热舒适区域的变化和影响分析。

2. 太阳辐射分析

基于太阳辐射分析，对建筑各个朝向立面上全年的太阳辐射情况进行分析对比。如重庆正南朝向上的太阳辐射值，区域为红色的代表过热的时间段，区域为蓝色的代表过冷时间段，而粗黄线表示该方向上太阳直接辐射的平均值。其中六月下旬和七月太阳辐射达到了最高值，约为 2000kwh/m2，1 月和 12 月份太阳辐射最低，最低值约为 700kwh/m2。由

此可以看出：重庆地区的年平均太阳辐射量较小，重庆地区的太阳能并不富裕区域，所以在进行建筑设计时，有关太阳能的设计（主动式、被动式）和构件应相应减少或取消。

3. 焓湿图策略分析

焓湿图是气象分析的重要手段和方法，Weather Tool 软件依据气象数据在焓湿图中对各种主动、被动式设计策略进行分析。而被动式策略与建筑设计有着尤为密切的关系，如果建筑师恰当地使用被动式策略，不但可以减少建筑对周围环境的影响，而且可以节约采暖空调等的造价与运行费用。而主动式策略也有高能低效与低能高效之分，通过焓湿图上主动式策略的分析，也可以有效地节约能源。

很多参数组合在焓湿图中从而形成热舒适区域，有相对湿度、空气温度、气流速度、以及周围环境的辐射温度等。热舒适区域好比是建筑热环境设计的具体目标，通过一些建筑设计的具体措施，改变环境中的一些因素，达到缩小室外气候偏离室内舒适的程度。

以重庆地区的焓湿图为例，黄色区域表示热舒适区域，可以自选时间范围，有一整年、春、夏、秋、冬四季和 1 至 12 个月。黄色热舒适度区域内几乎没有包含的月份，可以理解为重庆地区在一年当中，很少有舒适的天数，建筑室内的热舒适性不好，还有很大的改善潜力。

由各种措施在焓湿图的表现得出在重庆地区，采同时用六种被动措施，大大扩大了其舒适区域的范围。六种不同颜色的线框代表六种不同的措施，蓝色为高热容材料、红色为被动太阳能采暖、暗红色为高热容的维护结构加夜间通风、紫色为直接蒸发降温、粉红色为自然通风、绿色为间接蒸发降温。采用各种技术手段后，舒适区域大小由各种颜色线框的大小表示。

选择六种被动技术后，软件会模拟和预测建筑的舒适度，在焓湿图中采用量化的手段进行表达。如果使用高热容围护结构材料和太阳能供热措施，会使建筑在冬季有良好的保温效果，在夏季采用自然通风、夜间通风、蒸发降温等措施，可以大大改善炎热潮湿的状况，依托各种被动措施，会大大提高建筑物的舒适度。

从左到右，从上到下依次是：被动太阳能采暖、高热容材料、高热容的维护结构和夜间通风、自然通风、直接蒸发降温、间接蒸发降温。红色竖条代表采用相关被动式措施后的热舒适度百分比，黄色竖条代表没有采用相关被动式措施的热舒适度百分比。效果相对明显，适用于重庆当地气候的是：增加围护结构的蓄热能力、夜间通风、自然通风、间接蒸发降温等措施。可以看出：相比其他颜色区域，其红色区域很小，代表采用被动式太阳能技术后的作用不大，而采用其他措施有较好的效果，因为其热舒适度区域相对较大；同时采用太阳能技术后，相对于其他技术百分比变化不大，这和实际情况相符，重庆地处我国西南地区，属于亚热带季风性湿润气候，具有典型的夏热冬冷，四季分明的气候特征，空气湿度大，太阳辐射强度小，夏季潮湿炎热冬季湿冷，室内热舒适度很不理想，去除多余湿度是改善此状况的最佳措施，由此可知，在重庆地区，采用自然通风能很明显的改善室内舒适度，尤其夏季，在高温、高湿的气候环境下，良好的自然通风能显著改善建筑室内的舒适度，冬季除外。然而通过增加外围结构的保温性能来改变室内温度的做法，其作用一般，仅在春季起一定的作用。因此在重庆地区如何选取建筑节能设计策略，我们可以遵循以下几个具有指导意义的原则：

（1）建筑多布置在室外风环境比较好的地区。

（2）选择建筑朝向首先要考虑有利建筑通风的朝向。

（3）如果室内的通风状况能得到改善而适当改变建筑的形体，尤其是夏季建筑室内的通风状况，我们可不必过分看重建筑的体型系数。

Weather Tool 是一个建筑前期设计的软件工具，可以为我们提供一些被动式设计策略应用的方向，帮助我们在众多的被动式策略中进行取舍，从而选择最有效的策略。但我们必须具备判断软件提供信息正确与否的能力，不要被错误的信息所误导。

（二）场地地形分析

通常建筑地形比较复杂时，我们在规划设计时要进行详细的地形分析，利用 BIM 结合 GIS 技术可以对地形快速地进行空间分析，如高程、坡度和坡向分析，并能在设计山地建筑时进行一些初步探索，为我们的设计提供一些新的方法和思路。利用高程分析图，地形分析图，通过不一样的色调代表不同的高度，让我们对整个地形有一个直观整体的了解。利用 GIS 建模，绘制坡度分析图，可以表达和了解某一地区特殊的地形结构，以提供不同坡度土地的利用方式的设计依据。通过 GIS 绘制坡向分析图，地面坡度的朝向由不同的色调表示，而坡向会对建筑的采光和通风产生影响，比如在炎热地区，面对主导风向、背对日照的地方是建筑的最佳选址。而在寒冷地区，面对日照，背对主导风向的地方适宜选址。

利用 GIS 模拟技术可以快速、方便地生成透视图，使设计师可以从不同角度和方位来观察地形的起伏变化和不同建筑间的体量关系。并且，GIS 模型可以作为进一步设计的基础数据，传输到下一步工作的软件中。

（三）辅助场地总平面布局

1. 利用阴影范围分析确定建筑间距

Ecotect 中的"阴影范围"功能可以用于研究特定时间段内建筑的阴影分区特点及变化规律，作为分析建筑日照间距的有力工具，阴影范围是以指定时间间隔显示当前日期下某一特定时间段的阴影变化范围，通过改变时间，可以实现阴影范围的自动更新。

以重庆地区为例，如长 20m、宽 10m、高 18m 的建筑模型，日期为大寒日（1 月 21 日），以大寒日阴影范围为建筑日照间距分析基础，重庆地区属于我国气候Ⅲ区，有效日照时间段为 8：00 ~ 16：00，因此，阴影范围时间起止设定为 8：00 和 16：00，并以 1 小时为时间间隔。

最后计算出重庆地区大寒日 8：00 ~ 16：00 的阴影范围，正午 11：00 ~ 13：00 阴影长度为 22.2m，即是高度为 18m 的建筑，在建筑间距达到 22.2m 的情况下，大寒日能够满足 2h 以上的日照要求，因此得出重庆地区的日照间距系数为 22.2/18=1.23。

在现实情境中，建筑朝正南方向只是一种理想的情况，大多数情况中，建筑朝向会根据地形等因素进行适宜的调整，因此，有必要对其他朝向的建筑布局的日照间距进行分析计算，分别对南偏西 45°、南偏西 30°、南偏西 15° 和南偏东 45°，南偏东 30°、南偏东 15° 的大寒日 08：00 到 16：00 的阴影范围进行模拟，并以大寒日正午 11：00 至 13：00 的阴影长度与正南方向正午的阴影长度对比分析，得到 6 个方位不同的折减系数。

2．利用通风分析辅助确定建筑间距

通过确定合理的建筑间距，目的之一是使建筑物拥有良好的通风条件，在影响外部空间通风环境的影响因素中，周边建筑物，而影响最大的是处在迎风面的前面建筑物的阻挡作用。由于前面建筑宽度、高度、深度的不同，对建筑背风面的漩涡范围产生影响，结果导致要达到理想的通风效果，建筑的通风间距各不相同。

垂直于建筑物正面的风，如果建筑间的间距大于 4 ~ 5H 时，才能使后排建筑物的迎风面保持正压，同时需要加大建筑物间距才能保持原来的气流状态。根据英国学者的研究，建筑物的间距 D 为前排建筑高度 H 的 6 倍时才能避免发生"风影"效应。通常而言，日照间距远远小于通风间距，导致用地浪费和不利于节约成本，在实际项目中，很少采用。

此外，在总平面布局中，风向与建筑成一定角度的情况下，背后风影区范围和形状都会有显著的改变。通过对风向与建筑成不同角度的模拟，可以得出，30°，45°，60° 的风向入射角有利于外部环境的通风，从而也为下游建筑室内通风提供了良好的条件，其沿气流方向增大建筑间距，通过采用较大风向入射角的布局方式，改善自然通风的效果。

通常来说间距和风的入射角度（0° 至 60° 内）越大，建筑群通风效果越好。入射角与建筑通风间距选择：风向入射角为 0° 时，建筑间距大小对通风效果的影响不大，风入射角较大时，达到 1：1.3 或 1：1.5 可以得到较好的通风效果，因此，在总平面布局中，应避免建筑与风向呈垂直角度，从而有利于缩小建筑通风间距。

综上所述，建筑风压通风的利用与建筑总平面布置有着直接而密切的关系。若要实现风压通风，以下几点值得参考：

（1）建筑布局应适当疏松，前后间距合理；

（2）以夏季主导风向为建筑的主要朝向，或在允许范围之内控制其夹角；

（3）确定建筑间合理的位置关系和角度关系，达到空气流动顺畅的效果。

3．建筑场地总平面布局

建筑场地总平面布局需要同时考虑建筑单体朝向和建筑间距两方面的需求，旨在形成良好、舒适的室内外环境。建筑单体的朝向需要建筑采光、太阳辐射以及夏季室内穿堂风的组织三方面进行考虑；而建筑间距则主要通过建筑日照需求确定间距，并在此基础上，通过风环境分析辅助确定建筑间距。

在总平面布局时，进行日照、通风等可持续分析时对模型的要求不高，不需要详细的建筑细节，所以不会增加方案阶段设计师的工作量；基于 BIM 可持续分析软件能导出多种格式的强大开放性，将方案导入到分析软件中进行可持续分析。利用 BIM 技术辅助方案前期的场地分析和布局，相对于传统的仅依靠绘制简图和经验来说，其具有更强的问题针对性，而建筑师需要这种直观和具体过程。

三、BIM 辅助方案概念设计阶段节能的设计方法

（一）辅助建筑朝向的选择

建筑朝向是指建筑物多数采光窗的朝向。一般在建筑单元内是其主要活动室的主采光窗的朝向。建筑物主体的平面形式为矩形时，其短轴方向为次要朝向，长轴方向为主要朝向。

朝向对建筑能耗的影响主要体现在两方面，一方面是不同朝向的建筑物获得的太阳辐射热的差异，另一方面是由建筑朝向所决定的建筑本身的通风状况。由于我国大部分地区处于北温带，建筑"坐北朝南"是比较好的朝向，因为太阳的运行规律所致，在冬季可以最大限度地获取太阳辐射热，而且南向外墙也可以得到最佳的受热条件，而夏季正好相反。由于在建筑设计中受众多方面因素（如建筑外形、地形等）的制约，南向未必是建筑物的最佳朝向。在建筑朝向的选择上，理想的日照方向与最有利的通风方向常常不一致，所以要综合考虑建筑的情况，才能找到一个最佳的结合点。

1. 建筑朝向的影响因素

影响建筑的朝向的因素很多，涉及当地的地理环境和纬度、气候特征及用地条件等，必须全面考虑。而影响朝向的气候因素有日照、热辐射、通风等，建筑节能的前提是选择好建筑朝向。而利用 BIM 技术我们可以很直观的分析项目当地的气候条件，包括日照辐射、大气温度、相对湿度、风速等，就重庆地区而言，我们知道重庆夏季气温很高，非常炎热，冬季湿度非常大，多阴雨天气，夏季的日照时间远大于冬季。

"最佳朝向"是蕴含了明显的地域特征，考虑了当地地理、气候条件下对朝向的研究结论。日照、热辐射和通风对建筑朝向的影响各自不同，有时甚至相互矛盾，所以需要对几种气候因素的影响进行综合分析来获得合理的朝向。

2.BIM 技术下建筑最佳朝向的确定

就采光分析而言，通过日轨图反映了建筑朝向与日照间的相互关系，不能被太阳照射到的区域用灰白色区域表示，红色区域表示 12 月 1 日到 2 月 1 日太阳角度的变化范围，灰白色区域与红色区域相交面积越大，则表示冬季受到太阳辐射的范围越小。

通过日轨图对建筑朝向进行分析，最终得到重庆地区建筑的最佳朝向范围（158°～202°）、最差朝向范围（0°～22°，338°～360°）。

就通风而言，合理、适宜的建筑通风成为室内良好的热舒适度的重要保证，与主导风向的关系是设置建筑朝向时务必要考虑的因素，特别是建筑朝向与夏季主导风向的关系，便于室内穿堂风的组织与利用。通过 Ecotect 气候工具 Weather Tool 加载重庆的气象数据，风频图分别显示了 l0km/h，20km/h，30km/h，40km/h 和 50km/h 的风速在某一特

定时间内所占的百分比，根据重庆不同风速在全年所占的百分比，得出重庆夏季、冬季主导风向为偏南风和偏北风，风环境适宜的建筑朝向为 0° ～ 22.5°，157.5° ～ 202.5° 和 337.5° ～ 360°。

就热辐射而言，重庆地区建筑布局的最佳朝向，蓝色闭合曲线表示寒冷季节太阳辐射情况，红色闭合曲线则表示炎热季节各方向的太阳辐射状况，绿色闭合曲线表示各方向的太阳辐射年平均值。由图中可以得知，寒冷季节东西向太阳辐射值最大，其次南向多于北向，太阳辐射值最大的朝向为 105°；炎热季节东西向太阳辐射值最大，南北相差不大，太阳辐射值最大的朝向为 82.5°；黄色方向为重庆地区的最佳朝向，为 172.5°（南偏东 7.5°），由此向东西向的朝向逐渐变差。

日照、太阳辐射等气候因素对建筑的影响是不一样的，因而其对建筑朝向的选择有不同的要求，甚至会出现矛盾的地方，比如通过日照分析发现北偏东 22° 和北偏西 22° 也是建筑理想的朝向，而在太阳辐射分析中北向确是很差的朝向，因此，需要对日照、太阳辐射等气候因素进行多方面的权衡，分析得出最佳的建筑朝向，通过对日照、太阳辐射两方的考虑，得出南偏东 22° 和南偏西 22° 作为较为理想的建筑朝向。

根据 ECOTECT 的分析结果，可以初步指导我们的设计，既要使建筑在冬季争取较长时间的日照，而在夏季避免过多的日照，又要达到有利于建筑自然通风的要求。但在实际的建筑设计时，建筑朝向受很多条件的制约（建筑周边建筑制约和建筑与城市道路的关系等等），建筑不可能都在最佳朝向上，这时候就应该结合场地的各种设计条件和制约因素，因地制宜、灵活地来确定合理的朝向范围，同时利用 BIM 能耗分析技术，进行多方案的能耗比较，来指导我们设计出更合理的节能建筑。

（二）辅助建筑的形体选择

1. 建筑形体设计

建筑物是否吸引人是建筑体型决定的，即给人的第一直观印象，很多因素会影响建筑师对建筑体型的设计，可能是建筑内部空间的需要，也可能是出于基地形状的考虑，建筑的直接外部表现就是体型，可能是多种意图综合的效果，也可能是象征某种寓意。由于其决定因素的不同，建筑体型、千变万化。随着社会经济快速的发展，人们对建筑有着实用且美观的要求，因此建筑具有物质与精神、实用与美观的两重作用。建筑既是物质产品又是艺术创作，所以要满足人们的物质生活需要和一定的审美要求。建筑同时是实用功能和美观、科学技术和艺术技巧的统一体。其中重要的一种就是通过设计建筑体型来达到建筑的节能，很多建筑设计构思的出发点就是此，在建筑设计中应充分考虑建筑的适用性、经济性和美观性，此外还需考虑通过建筑形体的合理设计，对建筑节能产生的巨大影响。

2. 建筑体型系数

建筑与环境之间热交换的通道就是建筑外界面，基于相同体积，建筑物的外界面越小，它的热工损耗就越少，因为其热流通道少，所以很少与外界发生能量交换。而建筑热工性能的重要参数建筑体型系数，其是建筑外界面与其体积之比，即 K=A/V。体形系数是建筑单体外形的复杂程度的直观表现，代表单位体积的建筑外表面积，基于相同建筑体积，其体型系数越大表明其外表面积就越大，如果在相同的条件（室外气象条件、室温设定、围护结构设置）下，建筑物与室外的换热量也就越多。

体型系数代表界面的围护效率，就正多面体而言，其体积与表面积是几何基数的关系，换句话说，维持室内环境所消耗的能源与建筑的体积之间呈几何关系，因此在增大建筑体积时仅投入较小附加能耗就可以得到更多的舒适空间，所以要提高空间舒适度同时节约成本，可以通过减小建筑体型系数的方式。

3. 基于BIM的建筑形体节能设计策略

我们都知道在热工性能方面具有相对优异的表现是形体系数较小的建筑，而其他风、光等气候因素又对建筑形体产生制约，与建筑的热工性能发生矛盾，在方案形体研究阶段，用 BIM 技术对影响建筑形体的各气候因素进行分析，使建筑设计人员在确定建筑形体时就把建筑节能考虑在内，使建筑能耗降低，达到节能效果。

（1）改善建筑风环境的建筑形体设计策略

不同建筑形体会对其周围的风环境产生不同的影响，在哪个位置产生风影区，很大程度取决于建筑的形体。建筑的形体由一些基本的几个形体组合而成，使其变化多端，多种多样。这里基于四种基本建筑形体（一字型、L 型、圆型、U 型）分别进行讨论，就以上四种基本建筑形体，采用 Ecotect 建筑生态大师分别进行不同方向的通风分析。

1）通过对四种建筑形体进行室外风环境模拟，进行 2 个方向的模拟，设定风速为 4m/s，从结果可以得到以下结论：

① 方形建筑形体风从长边吹入时，迎风面风速较小，但迎风面积大，在建筑的东西两个开窗不利的面风速较大，较大的漩涡区在建筑背面形成。

② 圆形体型建筑具有导风作用，建筑两边风速较大。

③ L 型建筑形体当风从一边吹入时，L 型口形成较大的漩涡区，对通风不利，当风从 L 型口吹入时，建筑两边较易形成较大的风速。

④ U 型建筑形体迎向主导风向的面与方形建筑形体类似，较大漩涡区在建筑背后，其静风区在 U 型口内。当风从 U 型口吹入时，建筑两边较易形成较大的风速。

由此可知，风影区的大小与建筑的长度、高度、进深有很大关系。基于相同的建筑高度和进深，越长的建筑其风影区越大；基于相同的建筑长度和进深，越高的建筑其风影区越大；基于相同的建筑长度和高度，越大的进深其风影区越小。

2）建筑通风散热在湿热气候区和温和气候区显得尤其重要，为了加强建筑的自然通风，可以通过采取以下建筑形体设计策略。

① 加大建筑的开口面积来加强建筑的通风

根据夏季主导风向，通过加大了建筑的散热面加快室内外热量的交换，加大建筑的主要受风面的开口面积，或者在建筑立面上增加开口数量，都是为了可以更好地。如有建筑为了使建筑内部空间获得良好的通风条件，把大大小小的开口设置在建筑四个面上，从而使凉风从纵横两个方向上被引入室内。

②架空建筑底层

在通风不畅和比较湿热的气候区，为了消除建筑通风不畅的弊端，可以将建筑底层架空，一方面周围建筑的风环境因建筑风影区的减少而改变，另一方面减少建筑底层材料因降水造成的受潮等伤害。

（2）改善建筑热环境的建筑形体设计策略

在湿热气候区建筑的防热很重要，在建筑形体设计时，可以采用以下设计策略以有利于防热。

①内倾建筑

建筑本体防热的主要形体策略是内倾。一方面形体内倾会形成自身遮阳系统，避免其表面受到阳光的直射，其时间、强度和面积会相应减小，另一方面夏季阳光的入射角度会在其立面上降低，建筑表面同样达到减少得热的目的。同时，对于通风来说，内倾的形体可以增大风压，有利于通风。

②植被覆盖建筑

建筑被植被覆盖也能到达建筑防热的目的，同时其观赏价性也很高。周围的环境温度会因植物的蒸腾作用而降低。有研究表明，当植物对建筑提供有效的遮阳和降温后，降温负荷可减少超过50，而没有空调的房间室内气温在有植物提供遮阳和降温后，温差可比没有植物遮挡时下降6℃。屋顶植被覆盖和墙面植被覆盖是其两种主要形式。

③建筑遮阳

遮挡夏季强烈的太阳辐射的有效方法是建筑遮阳，设计建筑遮阳是为了遮挡太阳的辐射，一般是在开口部位上装设遮阳板、雨披、阳台，也可以设置大而密的开窗或者百叶窗、大挑檐、高顶棚和浅色墙面等。设置大窗户会使增加通风量，挑檐和百叶窗能遮挡过度的太阳辐射和降水，而浅色墙面通过反射太阳辐射达到降低墙体吸热的目的。

（3）改善建筑光环境的建筑形体设计策略

在 BIM 技术下，以办公建筑为例，讨论下建筑形体对建筑采光的影响，我们知道，办公建筑对照明有很高的要求，如果能够充分利用白天的自然采光，就能大大降低人工照明的能耗。

①建筑进深对自然采光的影响

模拟建筑进深对自然采光的影响，控制其他条件一样，只改变建筑的进深，对其分别进行采光模拟分析。模型室内净高为 3M，窗高为 2M，窗台高度为 600mm，只改变模型的进深，模型一的进深为 8000mm，模型二的进深为 6000mm；设计天空照度为 5000lux。

模拟结果分析，模型二的室内照度基本高于模型一 200lux 左右，且模型一中的采光系数为 18.21%，而模型二却达到了 22.26%。

由上面分析得出，办公空间的进深会对其自然采光产生很大的影响，所以在进行建筑设计时，要尽量减小建筑的进深，如尽量采用小进深的办公空间或者采用庭院式的布局，有利于建筑的自然采光。但以上措施都会使建筑的体形系数增大，建筑的热工性能下降，增加建筑能耗。所以在设计中要选择适合的建筑进深针对不同的办公楼，根据其特点和要求来进行设计。

② 建筑层高对自然采光的影响

在现代建筑设计中，为了获得更多的楼层面积，采用压低层高的设计方式，同时建筑净高受吊顶中管道及线路的影响，其很大程度上也会降低，同时减小建筑空间对自然采光的利用，而外窗可以随着建筑层高的加高而加高，促使更多的自然光线进入室内。

通过软件模拟分析，研究建筑室内净高对自然采光的影响。延续前面的模型一，只改变窗户高度和模型净高，模型一的净高为3M，窗高2M，模型二的净高为3.6M，窗高2.2M，设计天空照度为5000lux。在与窗口位置近的工作面的照度，其区别不是很大，但是距窗口很远的建筑深处，模型二的照度显然大于模型一。

所以在不影响建筑内部空间的使用前提下，设计时尽可能地加大建筑室内净高，建筑外窗高度也能随之增加，大大提高建筑的自然采光，降低建筑能耗。

③ 建筑采光中庭对自然采光的影响。

加强建筑自然采光的另一种方式就是采用采光中庭，其自然采光的效果与中庭剖面的形式与形状有很大联系，可以分为矩形中庭、上宽下窄的V形中庭以及上窄下宽的A形中庭三种。

其中，V形中庭的自然采光效果最好，从剖面形式分析，其从上至下逐步减小，每一层会有更大机会获得自然采光，矩形中庭其次，而A形中庭采光效果最差。中庭采光效果同时受剖面形状和高宽比的影响。经中庭射入采光口的光线随着高宽比的增大而变少，其自然采光的效果也就变差；反之高宽比越小，射入采光口的光线则越多，其自然采光的效果也就越好。

（4）BIM能耗分析技术辅助确定建筑形体案例

对于节能住宅建筑来讲，我们知道，在寒冷地区，追求外形的简洁与平整，如直线形、曲线形和折线形。对于小区的规划中住宅形式的选择，不宜大量对点式住宅的拼接以及单元式住宅的错位拼接。因为错位拼接和点式住宅都形成较长的外墙临空长度，增加住宅单体的体型系数，不利于节能。

我们在住宅设计时，在选择户型的时候，很难确定哪种户型拼接的形体能耗更低，我们也很难直观的观察哪种形体的体形系数更小，但我们借助BIM的能耗分析技术，就能简单直观的得出结论，辅助确定能耗更低的建筑形体。

下面是两个一梯四户的户型，在面宽和进深差别不是很大的情况下，我们利用BIM技术来确定能耗更低的建筑户型。

在Archicad里建立模型，在其他条件都设定一样的情况下进行能量分析。从分析结果来看，方案一的能量消耗为267.39Wh/㎡年，方案二的能量消耗为249.09Wh/㎡年，方案二一梯四户户型更加节能，因为方案二的面宽更大，开窗面积也多，得到的太阳辐射就多，冬季的采暖能耗就低，开窗面积大，夏季的通风就顺畅，夏季的制冷能耗就少。利用 BIM 技术，我们能够很直观的选择和优化我们的建筑方案。

建筑形体设计的要点是处理好日照与通风的关系，我们知道建筑的体形越简单相应的建筑的体形系数就越小，使得热量交换变小，建筑的节能效果就越好。合理的建筑体形可以节约用地和建筑用材，减少建造、维护与使用过程中的能源消耗。在建筑设计时，通过建筑形体和空间设计减少建筑本体得热、同时合理的设计建筑遮阳以减少建筑的辐射得热。在建筑外部组织通畅的气流路径，将对建筑本身和周边建筑产生积极的影响。

但围护结构的保温性能决定建筑的体形系数对建筑散热量的影响大小，如果建筑使用保温性能差的围护结构，散热量会随建筑体形系数的增大而显著增加。而建筑使用保温性能非常好的围护结构，体形系数对散热量的影响不大，所以在方案设计阶段，如果要增大建筑的体形系数，可以使用新型保温材料（低辐射玻璃、新型绝热复合墙体等）来增加围护结构的保温能力。维护结构的材料对建筑能耗的影响在下一章节进行讨论。

四、BIM 辅助方案深化设计阶段节能的设计方法

（一）辅助建筑围护结构设计

1. 围护结构对能耗的影响

根据不同的气候分区，在公共建筑节能设计标准中，对于维护结构的热工性能其设计要求是不同的，在大多数夏热冬冷地区，既要提高维护结构夏季的隔热性能，又要保证冬季的保温性能，可以通过改善建筑外墙、屋面等维护结构的保温性能。

在冬季采暖的过程中，建筑物的能耗由很多方面构成，包括围护结构传热失热和门窗缝隙的空气渗透失热，同时除去传入室内的太阳辐射热得热。研究结果表明，同样的多层住宅，东西向比南北向的建筑物能耗要增加 5.5% 左右。而建筑朝向对通过门窗缝隙的空气渗透损失的热量也有很大影响。因此建筑朝向宜采用南北向，采用避开冬季主导风向的建筑主立面来降低建筑冬季的采暖能耗。

在夏季制冷的过程中，建筑物的能耗由很多方面构成，包括通过围护结构和透过窗户传入的太阳辐射热量、通过窗户缝隙的空气渗透传热与通过围护结构传入的室内外温差传热等，而影响最大的是太阳辐射热量，占空调能耗的很大部分。因此要处理好建筑的朝向，来降低夏季空调的能耗。研究结果表明，在窗墙面积比为 30% 时，东西向房间的空调运行负荷比南北向房间的要大 24% ~ 26%。

2. 围护结构材料的选择

在这里以重庆某厂区办公楼设计为例，利用 BIM 的能耗分析技术进行不同维护结构材料的比较，直观的来评价各维护结构材料的性能，最终来确定办公楼的围护结构的材料，使建筑既满足设计要求，又能达到很好的节能。

在 Archicad 中建立办公楼模型，在能量分析前，我们要定义建筑的功能，设定相关的内部温度和热收益，还可以定义室内光照强度值。结果对比分析：当材料的保温性能提高后，每平方米的能耗下降明显。

通常情况下，在夏热冬冷地区，通过提高维护结构（外墙、屋面等）的保温性能，其维护结构夏季的隔热性能和冬季的保温性能都能显著改善，达到减少维护结构的热量损失的目的，在降低能耗的同时改善室内环境。

（二）节能玻璃的选择

我们知道，不同的材料对应不同的色彩、质感、肌理和内在物理性能，在方案创作阶段，建筑师对建筑材料的性能是否心中有数，是否能正确把握材料的物理性能，并结合建筑外观进行设计对建筑节能来说是非常重要的。在建筑的围护材料中，玻璃作为透明材料被广泛应用于建筑设计中。但是通过玻璃造成的建筑能耗损失也是巨大的。据资料介绍在建筑上应用普通玻璃，有三分之一的能量是通过玻璃的热传导而损失的。因此通过一些措施来减少由经玻璃传导而造成的能量损失，成为建筑节能设计的重要部分。随着现代科学技术的发展，出现了各种新型节能玻璃，其色彩和透光性各不相同，不仅能减少由玻璃产生的能量损失，而且成为设计师建筑创作的表现元素。

1. 节能玻璃的主要品种

随着现代科技的不断发展，新型材料不断涌现，使得玻璃的品种越来越多，而节能玻璃是最具代表性的，具有保温性和隔热性两大节能特性，其品种主要有吸热玻璃、热反射玻璃、低辐射玻璃、中空玻璃等。

首先吸热玻璃是一种平板玻璃，其玻璃中的金属离子能选择性的吸收太阳能，而展现出各种各样的颜色。其能减少对太阳热能的吸收，从而使空调负荷降低。吸热玻璃的遮蔽系数比、太阳能总透射比、太阳光直接透射比、太阳光直接反射比都比较低，因玻璃中的金属离子成分与浓度不同，导致见光透射比、玻璃的颜色会产生变化。相对普通玻璃，其传热系数、可见光反射比和辐射率则差别不大。

热反射玻璃是一种表面镀有金属、非金属及其氧化物等各种薄膜的镀膜玻璃，对太阳能的反射率达到 20%～40%，通过其反射，太阳能很难进入室内。在炎热夏季降低室内空调的能源消耗。其遮蔽系数、太阳光直接透射比、太阳能总透射比和可见光透射比较低，传热系数与普通玻璃相差很小。

低辐射玻璃即 Low—E 玻璃，是一种对 4.5 至 25um 之间波长范围的远红外线有较强反射比的镀膜玻璃，其辐射率较低。在冬季通过反射室内暖气辐射的红外热能将热能维持在室内，在夏季太阳的暴晒下，道路、水泥地面与建筑物墙面吸收了大量的热量，采用远红外线的方式向四周辐射。

中空玻璃由两片或多片玻璃通过有效支撑，均匀隔开同时对周边进行粘接密封，在玻璃层之间形成空腔，同时里面加入干燥气体，在其内部就形成了有一定厚度的被限制流动的气体层。中空玻璃的传热系数较低，其隔热能力非常好，是最实用的隔热玻璃。将多种节能玻璃组合使用，对建筑而言，节能效果显著。

2.BIM 技术下节能玻璃的选用

这里就前面的办公楼进行建筑玻璃材质的改变，就目前最实用的中空玻璃而言，通过不同中空玻璃方案的选择，比较其能耗变化情况，来辅助建筑节能设计。在 Archicad 中，洞口不会逐一列出，而是将洞口类型、尺寸和方向的数据汇总，选中所有窗户，改变其材质，看建筑能耗变化。

（三）遮阳设计

当前国家通过出台建筑节能的规范章程，在建筑节能方面出现了详细明确的要求，大力倡导节能建筑，引起人们对绿色建筑、节能建筑的关注。采取有效的遮阳措施，室内的光环境能得到有效改善，因为进入室内的太阳光线得到有效控制，减少了空调、灯具等设备的用电，大大降低了建筑能耗。其同时能阻挡太阳光的直射辐射和漫辐射，减少得热，从而降低室内温度和改善建筑室内的热环境，空调能耗也得到大大降低。对人体而言，经过有效控制的阳光使人感觉惬意，有利于人体生理机能的高效运行，同时带给人们愉快的心理感受。

1. 遮阳的方式与类型

遮阳构件通过遮挡阳光方向的特征来区分有四种基本遮阳形式，分别为水平式、垂直式、综合式和挡板式。

（1）水平式遮阳

水平遮阳的应用很广泛，其能够有效地遮挡太阳高度角较大的从窗口上方投射下来的阳光，适合应用在接近南向的窗口，低纬度地区的北向附近的窗口。

（2）垂直式遮阳

垂直式遮阳能有效地遮挡太阳高度角较小的从窗户侧斜射过来的阳光，适用范围为东北、北和西北向附近的窗口。

（3）综合式遮阳

综合式遮阳的适用范围为东南或西南向附近的窗口，因为兼有水平式和垂直式遮阳的优点，遮阳效果相对均匀，能够有效地遮挡从窗前斜射下来的太阳高度角中等的阳光。

（4）挡板式遮阳

挡板式遮阳的适用范围为东西向附近的窗口，依据材料分类，可分为平板材料和帘式材料遮阳，其能够有效地遮挡正射窗口且太阳高度角较小的阳光。

还有一种重要的遮阳方式是建筑的互遮阳与自遮阳，其没有明显的遮阳构件，主要通过把建筑主要的采光窗都置于建筑自身的凸凹形成的大面积阴影之中，或者通过建筑构件本身的设计，特别是窗户部分的缩进来形成阴影区，将建筑的窗户部分置于阴影之内来形成自遮阳洞口。

植物遮阳对于防止太阳辐射，影响室内热环境也起着很重要的作用。绿化遮阳不同于设置建筑构件遮阳，植物通过自身的光合作用将太阳能转化为生物能，而植物本身温度却未显著升高，这样就不会像这样构件一样，将部分热量通过各种方式向室内传递。使建筑能耗增加。

2.BIM 技术辅助确定建筑遮阳方式

就重庆地区而言，夏季非常炎热，暴露于烈日下的外墙的外表温度非常高，可达50℃以上，所以遮阳是重庆地区必不可缺少的夏季防热措施。建筑夏季采取遮阳措施，可以大大减少建筑的能耗，节能潜力巨大。不仅可以改善建筑室内热环境，减少太阳紫外线的破坏，同时调节室内光线的分布，而且用心设计的遮阳措施还能帮助创造舒适的室内光环境。

重庆地区夏季如果进行外窗节能设计，其遮阳方式应以外遮阳为主，在进行建筑的遮阳设计时，根据建筑所在地的气候及建筑的窗口朝向、房间用途等来确定采用哪种形式和种类的遮阳；同时着重一些问题的处理，如通风、采光与防雨等；同时设计的遮阳系统力求构造简单，经济耐用，还要注意不遮挡室内人员向外眺望的视野及与建筑立面造型之间的协调。对重庆地区而言，西窗和南窗的遮阳尤其重要。

而有了 BIM 技术，我们可以根据软件的分析，得出最优化的遮阳。基于 ECOTECT 的遮阳分析，就前面的办公楼进行最优化的遮阳设计，为我们的建筑设计提供参考。

在 ECOTECT 中建立办公楼的模型，在 ECOTECT 中有矩形遮阳、指定日期、指定时间段、环绕式遮阳、格栅遮阳以及节点遮阳曲线 6 种遮阳形式。

在重庆地区，办公楼南面和西面有了遮阳构件后能耗下降还是很明显的，所以利用 BIM 技术，能很好地指导我们进行遮阳构件的设计，还能初步对比建筑有无遮阳前后的能耗变化情况。

第三章 BIM 建筑工程设计管理

第一节 BIM 建筑工程设计理论基础

一、建筑工程设计管理理论回顾

设计管理的理论源于工业设计领域，英国设计师 Michael Farry 在 1966 年出版《设计管理》一书中首先提出："设计管理是在界定设计问题，寻找最合适的设计师，且尽可能地使该设计师能在同意的预算中准时解决设计的问题"。

而建筑工程设计领域的设计管理长期以来虽一直与建筑行业在一同发展，却始终缺少一套完整的理论体系。直到 20 世纪末，随着建设工程项目的规模不断扩大，项目复杂程度不断提高，项目参与各方对协同工作的要求不断增强，为了有效地控制项目的成本、提供更好的设计质量、保证设计的可施工性，建筑工程设计管理才逐渐被人们所重视。其中代表著作有英国设计师 Colin Gray 与 Will Hughes 所著的《建筑设计管理》。该书介绍了建筑工程设计的流程、参与设计的角色及其责任、以及提高设计效率方法，是一本实用的建筑工程设计管理手册。

随着建筑工程设计管理的发展，一些学者针对建筑工程设计活动所具备的项目特性，提出将工程项目管理理论融入建筑工程设计管理理论中，以丰富建筑工程设计管理手段。同济大学丁士昭教授曾提出，工程项目管理按不同的参与方的工作性质和组织特征划分，可分为业主方项目管理、设计方项目管理、施工方项目管理等，其中设计方项目管理主要服务于建设工程项目整体利益和设计方自身的利益，其主要管理目标包括设计的质量、进度、成本目标，此外还包括建设工程项目的投资目标。

建筑工程设计的项目式管理抓住了建筑工程设计活动的项目性，但在运用项目管理手段对建筑工程设计活动的质量、进度、成本进行控制的同时，不能回避建筑工程设计活动本身的属性，即设计活动过程实质上主要是智力活动过程。清华大学王守清教授曾指出，建筑工程设计的交付成果是无形产品（主要以工程图纸体现），而建设工程项目的交付成果则是有形产品，工程是物料的加工与生产的过程，设计则是知识的加工与综合的过程。这一本质的区别也使得仅有项目管理的建筑工程设计管理是不够全面的。

二、建筑工程设计的特点

（一）建筑设计企业与建筑工程设计工作的特点

建筑设计企业作为提供设计咨询服务的企业，是典型的知识型企业。其员工主要以建筑工程师和管理人员等知识型人才为主，企业的生产和工作投入是知识，产出的是知识，销售的是知识，而建筑工程设计过程是典型的知识生产的过程。建筑工程设计工作包含以下特点：

1. 建筑工程设计工作开始于设计任务书，而设计任务书是一个相对简要的工作大纲，并无具体、详细的需求、目标和准则，在设计过程中业主和承包商会不断地提出修改要求，而且设计的成果受政府审批影响大。因此，准确理解业主需求和政府规定对设计而言十分重要。

2. 建筑工程设计主要是信息的加工和综合，而非物料的加工和装配。因此，设计过程中的信息和沟通管理具有十分重要的意义。

3. 建筑工程设计成果验收缺乏严格的标准，需要业主和专家来评价。因此，成果不仅要说明"是什么""怎样做"，还要说明"为什么"，以满足业主的需求并通过专家的评审。

4. 建筑工程设计工作并非直线式而是螺旋式的渐进，其间包含许多反复（不是重复）的过程。因此，如何合理安排设计顺序以减少反复十分重要。

5. 建筑工程设计利用的主要是智力（而非物料和劳力）资源，因此，精确估计工作量和效率十分困难，设计管理者应富有经验（或通过科学的技术手段吸取经验）并不断总结，在计划安排上留有一定的弹性空间。

6. 建筑工程设计的任何变化都有可能影响建设工程项目的整体成本，然而出于安全和避免过多工作量的考虑，设计师通常会只会从大方向上对工程造价进行把控，却很少进行更为深入的优化。因此，创建一种更便于项目参与各方交流的平台，将更有利于工程造价的控制。

7. 在建筑工程设计过程中，对智力资源的开发、利用、激励和保护，相对于项目建造过程中对物料资源和劳力资源的管理也有许多不同之处。因此，设计管理者还需要注重相应的组织结构和文化方面的建设。

（二）建筑工程设计管理与工程项目管理的联系与区别

建筑工程设计活动具备项目的特点，包括：存在预定目标，有时间、财务、人力和其他限制条件，以及有专门的组织。同时，建筑工程设计管理与工程项目管理都关注于功能（质量）、进度（工期）和费用（成本、投资）三大目标。

但在对三大目标进行管理的过程中，由于建筑工程设计是知识的加工与综合的这一本质，使建筑工程设计管理与工程项目管理还存在着一些区别。

例如对于建筑工程设计质量的控制，仅仅依靠加强对质量的监督和审查是不够的，加强设计师的自身专业技能，同时加强设计师对其他专业知识的了解，以及对其他项目参与方的需求的了解，才能从本质上提高设计质量，并最大限度地在设计阶段规避工程在施工、运营维护阶段可能出现的潜在问题。而且，当项目参与各方的知识能很好地交汇和传递时，能有效地避免设计变更带来的返工，从而起到进度和成本的控制作用。

也就是说，从一般工程项目管理角度难以发现或难以解决的问题，其根源是设计相关信息在组织上存在问题，即建筑知识在具体的运用上存在问题。而这类问题的存在，也意味着作为典型的知识生产活动，建筑工程设计活动应当重视知识管理。

三、建筑工程设计的知识管理基础

（一）知识的内涵和分类

数据、信息和知识是常常被混淆的三个概念。数据是对客观世界的简单描述，是离散的、缺乏关联和目的性的。当数据经过分类、分析和解释等处理，数据就变成了信息。知识不仅包含了大量的信息，还表现了信息与信息之间的相互关系，是有组织、有意义的信息。

通常，知识可分为显性知识和隐性知识两大类：

显性知识可以通过文本、图像等形式表达，如建筑工程设计中的设计标准或规范，亦如工程设计图纸、模型、计算书等成果文件。

隐性知识通常是难以用文字表达的经验，或难以文件化、标准化的独特性知识。但隐性知识可以通过传授、交流、模仿等方式进行共享。建筑工程设计中的隐性知识包括了设计师对设计中遇到的问题的解决原理、解决思路和从中获得的经验与体会。

（二）建筑工程设计活动的知识性特点

建筑工程设计活动中所包含的知识涉及建筑工程设计产品的全寿命周期。由季郑宇所著的《建筑工程设计中的知识管理》，作为我国国内第一本介绍知识管理概念在建筑工程设计领域中应用的专著，将建筑工程设计知识的特点综合分析并归纳为以下三点：

1. 多样性

建筑工程设计知识不仅涉及与设计相关的规划、建筑、结构、水暖电、室内、景观等知识，还涉及与项目相关的经济、施工工艺等知识，而且如何将知识有效融会的设计经验也是非常重要的隐性知识。

2. 层次性

建筑工程设计所经历的阶段包括对业主需求的分析、方案设计、初步设计、施工图设计，有的复杂项目还需要配合承包商和厂商进行施工深化设计。每个阶段需要应用不同层次的知识，而这些知识之间是相互关联的。

3．变化性

建筑工程设计不仅是应用知识的过程，也是产生知识的过程，在此过程中，设计知识是动态变化的。

（三）建筑工程设计知识的分类

从建筑工程设计的特点出发，建筑工程设计知识可以如下的三大类：

1．背景知识

建筑工程设计的背景知识又涵盖市场信息、设计标准、设计原理和工程分析四种主要知识。市场信息主要有客户的需求以及产品的功能需求；设计标准包括与设计相关的国际、国家、地区标准和规范，以及企业自身的标准；设计原理主要指实现设计产品功能所需的基本原来知识，知识源包括工具书、设计手册、相关论文和报告等；工程分析包括了设计软件、分析软件等。

2．实例知识

建筑工程设计的实例知识主要包括了对已有的成功实例和失败实例的分析和总结。

3．过程知识

建筑工程设计的过程知识包括设计流程、设计经验和设计习惯，其中蕴藏的隐性知识对有效解决设计中可能遇见的问题、优化设计流程、提高设计协同性、提升设计品质和可施工性有着极其重要的作用。

（四）建筑工程设计知识管理的主要内容和目标

综上所述，建筑工程设计的知识管理的主要内容应包括：通过收集和整理建筑工程设计所必需的知识，利用各种知识管理的技术，建立知识综合平台，培养知识交流、共享环境，提高设计员工的知识创新能力，并将设计生产过程中积累的知识资源进行规范化整合，作为建筑设计企业知识的一部分，用于将来的设计生产实践中。

建筑工程设计管理的主要目标包括：从根本上改善建筑设计企业的生产质量和效率、加强建筑设计企业面对不同市场环境和建设工程项目类型时的反应能力、提高建筑设计企业的创新能力、提高建筑设计企业的管理效率。

四、BIM 在建筑工程设计管理中的适宜性

在对 BIM 的研究与实践过程中，一直存在着狭义和广义之分。

狭义的 BIM（Building Information Model）又被称为 Small BIM，该观点认为 BIM 是设计和分析的工具。

广义的 BIM（Building Information Modeling）通常被称为 Big BIM，强调 BIM 是建立项目全寿命周期建筑信息数据库的过程。

目前被行业广泛接受的 BIM 定义来自于美国国家 BIM 标准，该标准将 BIM 定义为：

BIM 是对某一设施物理和功能特性的数字表达，是为项目全周期决策提供基础数据的知识资源，是项目不同利益相关方在添加、提取、更新或修改数据过程中的协作平台。此外，美国著名的麦格劳—希尔建筑信息公司也对 BIM 进行了定义：BIM 是创建并利用数字模型对项目进行设计、建造及运营管理的过程。

由 BIM 的定义可以看出，BIM 不仅是一种新的设计、分析工具，也代表了一种项目参与各方共同协作的理念。

BIM 作为项目的信息综合平台，使一些在传统建筑工程设计模式下难以量化或评价的信息变得相对容易量化或评价，这也为建筑工程设计活动的项目管理提供了更全面、更可靠的数据依据。

而且，建筑工程设计所需的各种知识可以在 BIM 这一平台上有效的汇集、交叉和分流。BIM 能使设计师冲破专业的局限性，极大限度地在自身工作范围内了解其他设计专业和其他项目参与方的需求，更为直观地学习他人的知识。而且 BIM 所倡导的协同设计方式更利于设计师吸取促使项目成功的经验，而且这种设计经验会比在传统建筑工程设计模式下所获得的设计经验更经得起项目建造阶段或运营阶段的考验。基于 BIM 理念开展的建筑工程设计活动提升的不仅是工程设计图纸的质量，更是建设工程项目的整体质量。可以说，BIM 极大地丰富了建筑工程设计知识管理的手段。

第二节　BIM 在我国现阶段建筑工程设计中的应用现状

近年来，BIM 的概念在我国建筑行业得到了广泛的传播，越来越多的建设工程项目参与方和学者开始关注 BIM，也有越来越多的企业参与到 BIM 的实践中。在此过程中，企业界和学术界从各个方面对 BIM 在我国的应用进行了积极的探索和研究，也取得了一些的宝贵经验。

其中，几份针对中国 BIM 的调研报告可以较为全面地反映目前我国的 BIM 应用现状，包括麦格劳—希尔建筑信息公司的《建筑信息模型——设计与施工的革新，生产与效率的提升》，中国房地产协会商业地产专业委员会主编的《中国商业地产 BIM 应用研究报告 2010》以及由中国房地产业协会商业地产专业委员会联合中国建筑业协会工程建设质量分会、中国建筑学会工程管理研究分会、中国土木工程学会计算机应用学术委员会主持发布的《中国工程建设 BIM 应用研究报告 2011》。

此外，2011 年 7 月，同济大学经济与管理学院展开了为期一个月的中国 BIM 实施基础性调查研究工作并完成《2011 年中国（上海）BIM 应用调查报告》。上海的 BIM 现状，在一定程度上可以代表当前中国 BIM 的较为先进的水平。调研期间，调研成员分别走访了上海中心大厦建设发展有限公司、上海现代建筑设计集团、同济大学建筑设计研究院、CCDI，Gender（美国）、上海建科监理、上海建工、中建一局、中建八局、上海上安机电设计事务所有限公司、Autodesk，涵盖业主、建筑设计企业、工程咨询企业、施工企业，以及软件开发商等项目参与主体。

一、我国 BIM 市场潜力

（一）应用对比

自 2011 年 11 月中国勘察设计协会主办"全国勘察设计行业信息化发展技术交流论坛"以来，由行业协会或企业举办的 BIM 论坛在全国层出不穷，各大软件商，包括 Bentley，Autodesk，Graphisoft 等，也开始大力宣传自身的 BIM 理念及软件，加之北京奥运会的召开，大量有着极高设计、施工、管理、运营要求的公共性建设工程项目的出现，使得 BIM 成了 2008 年建筑业最热门的关键词之一。之后，有越来越多的企业参与到 BIM 的实践中。麦格劳一希尔建筑信息公司的首份中国 BIM 市场报告《建筑信息模型：设计与施工的革新，生产与效率的提升》就是在这样的大背景完成的。

报告包括了针对中国 BIM 市场进行的专家访谈和案例分析，并结合 2008 年美国的 BIM 市场调研结果数据，通过中美应用现状对比，指出 BIM 在中国建筑市场将有潜在的巨大市场。

在对欧特克公司行业战略及关系副总裁 Phil Bernstein 的专访中，Bernstein 针对大多数希望尝试 BIM 的企业最关心的一个问题——BIM 的投资回报的问题做出了解答。在他看来，BIM 确实能使建筑业生产效率提高，虽然与之相关联的投资回报率难以量化，但使用者可以把节约的时间作为利润，或者利用节约的时间完成更多项目，此外，协同方式的改变带来的设计修改率的降低，也可以看作是 BIM 的价值，所以 BIM 的投资回报可以体现在多种方面。

2008 年的美国 BIM 市场调研数据也显示，对 BIM 有较丰富使用经验的用户中，有 82％的使用者十分认同 BIM 在提升公司生产力方面的积极作用。这也很好地印证了 Bernstein 的观点。

当然，BIM 在美国和中国建筑市场中的地位有很大的不同。在美国，由于建筑业已属于夕阳产业，加之世界经济不景气的大环境，BIM 高效率、精细化的特点对建筑企业提高市场竞争力来说显得尤为重要，这也使得 BIM 能在美国快速推广并得到项目参与各方的广泛重视。

然而中国的建筑业处于高速发展时期，与美国的"以质取胜"不同，"以量取胜"是大多数中国建筑企业的生存之道。我国的 BIM 应用主要集中在一些大型复杂的项目中，而一些普通项目的 BIM 应用，其宣传意义往往大于实际意义。

中国建筑工程设计行业的 BIM 先行者之一 CCDI（悉地国际有限公司，原名中建国际设计顾问有限公司）在专访中就表示，一些高端业主的出现成了 BIM 推行的契机，BIM 的理念和技术也为协同设计带来了新的平台，让国内设计有机会缩小与国外同行的差距。

但同时由于国外优秀的软件公司在中国通常关注于销售和市场份额而较为忽视产品的技术辅导，让设计公司有了优秀的软件却缺乏有效的实施方案。再加上 BIM 发展初期的软硬件投入和人才培养的成本较高，使用效果又很难快速地达到预期的水平，导致目前我国建筑设计企业的 BIM 投资回报率并不高。但同时 CCDI 也表示，随着 BIM 应用的深化，BIM 的价值还有很大的提升空间，许多 BIM 的附加值和功能都有待挖掘和开发，所以对 BIM 的前景仍充满信心。

毕竟，随着建筑市场逐渐趋于理性，业主对于设计要求的提升会促使建筑设计企业更加重视自身的设计品质，这也将进一步加剧整个建筑工程设计行业的竞争。而有前瞻性的建筑设计企业也会抓住时代的机会，积极发展 BIM 业务能力以获得更大的商机。

（二）应用趋势

随着 BIM 在建筑业中越来越受到重视，为了更好地指导、跟踪商业地产领域 BIM 的应用发展情况，中国房地产业协会商业地产专业委员会计划从 2010 年开始组织研究和发布中国 BIM 应用研究报告。目前已发布的报告包括《中国商业地产 BIM 应用研究报告 2010》与《中国工程建设 BIM 应用研究报告 2011》。对比两年的报告，可以大致看出 BIM 在我国的应用趋势。

1. 总体趋势

（1）对 BIM 的了解程度

2010 年，有六成受访者听说过 BIM，短短一年后，听说过 BIM 的受访者已接近九成，其中，超过六成的建筑设计企业受访者表示已经使用过 BIM，超过三成的施工方受访者也表示在建设工程项目中使用过 BIM。而随着 BIM 的影响力增大，计划使用 BIM 的企业也在迅速增多。

可见，随着一些极具标志性的大型复杂建设工程项目的实施，BIM 开始逐渐被国内建筑行业的一些领先企业所采用，加之如 Autodesk 等软件开发商的大力宣传，已有相当多的企业听说过 BIM。而随着越来越多的企业加入到 BIM 的实践中，BIM 的理念在建筑行业中快速、广泛的传播，BIM 技术呈现快速发展扩散的趋势。目前，业内对 BIM 价值已基本达成了共识：BIM 已经成为建筑领域发展的主要趋势之一，但鉴于目前的 BIM 应用还存在着诸多问题和困难，对 BIM 的投入仍需谨慎。

（2）选用 BIM 的理由

两年的报告均显示，建设工程项目足够复杂、拥有一定的 BIM 人才，是选择使用 BIM 的重要理由，可见我国的 BIM 使用范围相对较小，而且对于一些希望尝试 BIM 的企业，由于人才的缺乏，其 BIM 发展计划也只能被迫暂时搁置。同时，合理的费用，以及政府、上级领导、业主的支持也是选用 BIM 的主要原因，而且随着 BIM 在国内实践的推进，受访者普遍认为相关政策支持的重要性超过了相关费用支持的重要性。

（3）希望通过 BIM 得到的价值

在两年的调查中，控制建造成本、提高预测能力和缩短工期一直都是受访者最为希望通过 BIM 得到的价值。其他的价值还包括：提升企业形象、集成所有项目信息、提高物业性能、为绿色认证提供支持等。

（4）BIM 的应用方式

2010 年，由于缺乏对 BIM 的认识，多数业主在实施 BIM 时，除了选择自己组建 BIM 团队外，还十分倾向于将 BIM 工作委托给设计方或者专业的 BIM 咨询服务公司。但到了2011 年，近六成业主认为自己建立团队才是较为理想的 BIM 应用方式，仅有 15% 左右的业主愿意将 BIM 工作完全委托给有 BIM 能力的机构。这一方面显示出包括业主在内的所有项目参与方的 BIM 业务能力都在逐渐增强；另一方面则暴露出单靠设计方或一些其他的 BIM 咨询机构，很难在 BIM 的实施过程中周全地考虑项目参与各方的需求。

2. 设计阶段应用趋势

在报告中，有两组数据能较为明显地反映 BIM 给建筑设计企业带来的改变。

（1）因图纸表意不清造成的项目投资损失

2010 年，关于工程图纸表意不清造成的项目损失占项目建设投资的比例这一问题，半数受访设计师认为损失在建造投资的 5% 以内，14% 的受访者认为损失超过 5%，38%的受访者并未回答。

2011 年，仅有 2% 的受访者没有作答，超过五成受访设计师认为损失在 5% 以内，27% 认为损失在 5%～10% 之间，更有 17% 的受访者认为此项损失超过了投资的 10% 以上。

同一问题的两次调查，2011 年未作答的比例明显降低，说明 BIM 的引入让设计师更加关注其他项目参与各方的工作内容。而 2011 年，有更大比例的受访者认为由工程图纸造成的损失比例超过建设投资的 5%，这也说明 BIM 帮助设计师进一步看清了传统建筑工程设计中存在的不足。

（2）后期项目参与方是否应该在设计阶段的早期介入

尽管从两次调研的结果看，都有近八成的设计师认同项目后期参与方（包括施工方、供应商、运营商等）应在项目设计的早期介入，但一微小的变化却不能忽视。

相比 2010 年，2011 年赞同这一做法的比例略有下降，而反对的比例却略有上升。虽然这一变化并不明显，但根据这里的持续观察，两年的数据变化在一定程度上反映了设计师的心理变化。从大方向讲，设计方与施工方、设备供应商、运营方之间信息处于一种相对孤立的状态，而各方都已意识到这个问题，并希望利用 BIM 的改善这一现状。但随着BIM 在解决此类问题上的实践，设计师感到了更大的压力：设计难度增加、设计进度被打乱，而设计收益没能相应的提升。尽管多方的协作能让设计质量得到实质的提升，但随之出现的设计阶段的新问题让一部分设计师产生了一定的抵触情绪。

（三）应用现状

1. 应用特点

在《2011 年中国（上海）BIM 应用调查报告》中，调研团队将受访者的 BIM 应用现状和在我国的一些主要 BIM 项目进行了整理，并总结出目前国内 BIM 应用的几个特点：

（1）资金、技术实力雄厚的企业是 BIM 的先行者

截至调研结束时，无论是已经开展 BIM 业务的企业（如上海现代建筑设计集团、上海建工等）还是准备开展 BIM 的企业（如中建一局、中建八局等），无一不是资金、技术实力雄厚的企业。目前，中国 BIM 人才医乏的问题尤为突出。所以，现阶段也是国内企业和高校培养 BIM 人才的关键时期。

（2）设计和施工阶段是目前国内 BIM 的重点应用阶段

目前方案设计、扩初设计、施工图设计以及施工深化设计（施工准备）阶段的 BIM 应用最为常见。而运营阶段还缺乏实际应用案例。这也从另一个侧面反映出现阶段的 BIM 推广多为 BIM 软件（特别是设计软件）的推广，BIM 工作模式的推广还有很长的路要走。

（3）传统建筑工程设计模式仍是主导

多数建筑设计企业并未因 BIM 的出现而改变设计模式，BIM 更多时候是以设计辅助工具的角色帮助设计师进行设计校对工作以提高工程图纸质量，而缺乏设计流程的改变。这也使得 BIM 的工作流程仍然是以工程进度为主线，前期设计工作对后期施工的需求了解不足，导致设计阶段的 BIM 模型难以被充分的利用，模型在传递过程中需要重建的现象十分普遍。

（4）BIM 的宣传意义大过实际意义

尽管业主希望通过 BIM 提升项目整体的质量、优化项目的进度和成本，但多数业主并不清楚 BIM 具体能做什么。所以本应成为 BIM 主要推动力量的业主，在现阶段往往是被动地接受 BIM。加之其他项目参与方也处在 BIM 的探索阶段，导致 BIM 在一定程度上成了提升企业形象和竞标能力的工具。而 BIM 合同对 BIM 工作范围和深度的界定不清，使得部分业主为 BIM 买了单却没得到预期的效果。

2. 应用层级

通过对受访企业的 BIM 应用组织形式的分析，可从四个层面来描述 BIM 应用的层级：

（1）个人层面：组织内个体专业人士通过实践获得 BIM 软件操作能力。

（2）团队层面：将组织相关联的专业人才组成 BIM 团队，获得组织协调能力。

（3）项目层面：BIM 团队获得项目执行能力，注重项目实施策略。

（4）企业层面：企业获得 BIM 整体应用能力，注重企业战略。

对于准备开展 BIM 业主的企业，实现 BIM 的团队层次目标是首要任务；对于已有 BIM 实践经历的企业，强化项目层次的 BIM 应用能力将是一个长期目标；而为了更好地开展 BIM 工作，应重视 BIM 在企业层面的应用研究。

3. 应用流程

在调研过程中，多数受访者表示，BIM 项目实施中，仅对 BIM 组织结构有着较为明确的规定，而缺少对 BIM 流程的研究。

但个别重大项目，如上海中心大厦项目，由于与 Autodesk 存在战略合作伙伴关系，软件开发商以其丰富的技术咨询经验为业主制定了项目的 BIM 总体流程。

此外，中国勘察设计协会于 2010 年 6 月出版的《Autodesk BIM 实施计划：实用的 BIM 实施框架》，提供了 BIM 企业级和项目级的实施指导。

4. 推动力

虽然行业普遍认为业主应该发挥主导作用，但建筑设计企业和施工单位却是现阶段我国 BIM 应用的主要推动力量。结合调研问卷分析，没有明显的数据说明哪一项目参与方应该成为最重要的 BIM 实施推动力量。这也说明现阶段项目参与各方对 BIM 实施方式的认识并不十分清晰和统一。这也与我国国情、行业对 BIM 认识的深度，以及 BIM 项目实践的深度有关。

二、建筑设计企业 BIM 业务类型

我国建筑设计企业的 BIM 业务类型大致分为三种：翻模型 BIM 业务、设计辅助型 BIM 业务、设计型 BIM 业务。

翻模型 BIM 业务属于初级的 BIM 应用，其关注点主要集中于 BIM 软件的应用。设计辅助型 BIM 业务属于中级的 BIM 应用，虽未完全改变传统建筑工程设计的模式，但更加注重设计的协同和优化。而设计型 BIM 业务属于高级 BIM 应用，此类型应用已将 BIM 融入设计、组织、流程之中，国外一些有实力的建筑设计企业已有多年的经验积累，对我国的建筑设计企业而言，还处于科研阶段。

（一）翻模型BIM 业务

翻模型 BIM 业务可以看作是 BIM 发展初期的一种较为特殊的 BIM 应用形式。此类型设计业务的 BIM 应用，是在某一项目已完成施工图后（甚至已开始施工或完工后），才将工程设计图纸通过企业内部或外聘的 BIM 团队，利用 BIM 软件，翻建为三维模型。

不同于传统建筑工程设计的三维建模通常只有渲染作用，此类三维模型因为是用 BIM 软件完成，具有碰撞检查、管线综合等用途，但由于开始创建 BIM 模型的时候项目已经开始施工，而建模的进度有时甚至慢于施工的进度，导致此类 BIM 模型对工程本身几乎没有价值。

即便如此，仍有相当一部分的 BIM 业务选择了这种形式。这里在通过实地调查与访问后所获得的信息基础上，将其主要原因归纳如下：

1. 业主并不清楚 BIM 是什么，也并不期望 BIM 能迅速地在项目中发挥作用。可以说 BIM 设计业务和项目本身是相互独立的两条线，业主可以另寻 BIM 咨询机构为其创建基于施工图的 BIM 模型，结合项目实际开展过程中出现的问题，观察、认识 BIM 潜在的价值。此类业主勇于尝试新技术，但并不希望在没有经验的情况下将 BIM 直接运用到实际项目之中，以避免不必要的工期和成本的风险。

2. 业主或建筑设计企业认为可以通过 BIM 提升企业形象。尽管将 BIM 融入项目中存在一定的难度，但单纯为满足一些 BIM 竞赛活动需要的 BIM 模型并不十分困难，所以BIM 设计业务和项目本身也是相互独立的两条线，项目以传统方式进行，BIM 设计模型为参加 BIM 竞赛而准备。一旦获奖，将为之后的短期内争取一些潜在的 BIM 项目增添筹码。

3. 建筑设计企业为争取项目虚报了 BIM 能力，而在接到项目后依然无法组建有能力的 BIM 团队，只能首先完成设计基本任务（传统的施工图纸），再另想办法完成 BIM 模型。业主为了不耽误工期，通常也只好先使用已完成的施工图纸进行施工。而很多时候，相关合同中又缺乏对 BIM 工作范围和深度的准确界定，BIM 工作到最后也就草草收场。

可见，翻模型 BIM 业务最理想的情况可以看作是对 BIM 的学习和经验的积累，其次可以作为一种短时期内的商业筹码，但有时也因为合同中缺乏对 BIM 的相关约束，造成了许多不必要的浪费。

（二）设计辅助型 BIM 业务

设计辅助型 BIM 业务的交付成果是施工图纸和计算书及相关分析报告。其流程基本与传统建筑工程设计流程基本一致。BIM 技术在此类业务中主要是为了辅助设计师更高效地推敲方案、进行协同与分析。这也是大多数决心开展 BIM 业务的建筑设计企业在现阶段采取的 BIM 业务形式。

由于 BIM 人才的短缺，建筑设计企业为了保证 BIM 项目开展的质量，通常采取的是成立专门的 BIM 团队或部门的形式。

例如较早开始接触 BIM 的 CCDI，在 2007 年正式成立了 BIM 团队，经过几年的学习和实践，基本形成了设计师与 BIM 团队配合的工作模式。这种工作方式让设计师更专注于设计本身，而非纠缠于软件的操作。这种模式下，BIM 表现出的是非常重要的补充作用，一方面是对设计工作的补充（主要是解决传统设计软件难以解决的问题），另一方面是对整体设计质量的提升。2009 年 8 月，CCDI 将 BIM 小组升级为独立事业部，合并计算机辅助设计团队、计算机建模及多媒体设计团队，组成建筑数字化业务部。与公共建筑事业部、居住事业部、轨道交通事业部、城市规划事业部等其他部门形成矩阵式体系。

根据 BIM 团队或部门的 BIM 应用能力的不同，设计辅助型 BIM 业务在具体应用过程中，又可以分为三个层级：

1. 三维设计：利用三维设计软件建模、冲突检查，该层级的应用主要意义在于设计的精准定位。

2. 参数化设计：利用参数化思想和技术手段实现复杂形体的构建或实现设计各阶段的分析需求，该层级能在保证设计准确性的同时使设计更加高效。

3.协同设计：基于某一 BIM 平台（例如 Revit）整合设计、分析的信息，在保证设计准确高效的情况下，进一步保证数据的联动性，同时提高将数据转化为工程图纸的能力。

总的来说，设计辅助型 BIM 业务是一种较容易被采用的业务类型，任何建筑设计企业都可以依据自身的实力，选择 BIM 的应用层级，在培养人才的同时积累 BIM 经验，逐步提高自身的 BIM 业务能力。

（三）设计型BIM 业务

设计型 BIM 业务是 BIM 能力进一步提升的表现，与设计辅助型 BIM 业务相比存在两点主要的区别：

1.在此类型业务下工作的设计师具备更高的 BIM 业务能力，表现在：

（1）设计师能熟练掌握与自身专业相关 BIM 软件，一般情况下，不需要专门的技术人员支持。

（2）设计师有丰富的协同设计经验，能在自己的工作范围内尽可能满足其他设计专业或其他项目参与方的设计需求，并能敏锐地察觉到各种潜在的协同问题。

2.设计流程、设计的相关政策要做出了相应的调整以更好地适应 BIM 设计工作的需求。

从设计辅助型 BIM 业务到设计型 BIM 业务的转变看似简单，实则需要大量的经验积累和大量的科研投入。

在进行上海 BIM 应用调查报告的调研过程中，Gender 的资深设计师彭武就曾向调研团队介绍过 Gender 的 BIM 应用现状。

Gender 对 BIM 相关软件的使用已有较长的时间，其北美的项目有 70% 都用到了 BIM 的相关技术。而 Gender 在 2002 年入驻上海，受制于国内 BIM 人才的缺乏，近两年才逐渐开始使用 BIM 进行设计，但如今（截至调研时）BIM 项目所占比重也已经达到了 20%～30%。

对 Gender 而言，BIM 并不是某种口号或者噱头，也没有所谓的 BIM 实现战略，企业的目标就是高效率地完成优秀的设计，虽然 BIM 的能力是考核员工的标准之一，但企业并未把 BIM 作为强制性要求。BIM 带来了更高效的工具，员工若不自觉使用并熟练掌握，只会在激烈的职场竞争中处于劣势。

可以说，BIM 已经融入了 Gensle：的设计理念，但这背后，是巨大的科研投入。Gender 在旧金山设有专门的技术研究部门，为 Gender 全球的事务所提供随时在线的技术支持，任何技术问题，都基本上能在短时间得到图文并茂的解决方案。Gender 有非常严格的设计标准和流程，而为了让标准和流程有效地执行，Gender 甚至让软件开发商为其应用软件开发了定制的版本或插件。这对国内的建筑设计企业而言，都是难以想象的。

每年，Gensle：有 20% 的投入用于软件研发与硬件的更新，大量的投入保证了 Gender 在新技术的使用上处于领先地位。

目前，国内也有一些建筑设计企业开始意识到科研投入对设计能力提升的重要性。此类项目由于对 BIM 应用深度要求极为严格，在进度和投入上尚不能适应市场的要求，但力求精细化和多方协同的工作方式，将为企业积累宝贵的 BIM 经验。

三、BIM 在建筑工程设计中的应用点及目标

目前，我国已经开展了一些 BIM 项目，也获得了一些成功经验，但放眼整个建筑工程设计行业，BIM 在设计阶段的应用现状并不令人满意。绝大部分资金、技术实力不够雄厚的建筑设计企业还没有开展 BIM 业务的计划，甚至没有听说过 BIM；一些已开展 BIM 业务的企业，包括行业的领先者，在 BIM 应用方面还处于探索实践阶段。

迄今为止，BIM 主要应用是在软件操作层面上，协同设计的思想还需要大力推广，而为了更好地实现协同设计，设计标准、设计流程都有待优化。

根据 BIM 业务的开展类型的不同，其主要应用点和目标也不尽相同。

翻模型 BIM 业务主要应用了 BIM 软件的三维建模、碰撞检查、管线综合、漫游展示等 3D 功能，而没有发挥 BIM 中"信息"的价值。在这里看来，此类型的业务称为 BIM 略显牵强。因为此类型业务下的主要应用点在 BIM 概念被软件开发商广为宣传之前就已经出现，此种应用方式仅可看作简单利用 BIM 软件去实现三维设计的目标。

设计辅助型 BIM 业务开展更为注重发挥 BIM 的"信息"价值，高效率的设计工具和分析工具被广泛利用，协同设计也被逐步推广，一些重点项目甚至开始与施工方配合进行施工图深化以提高设计的可施工性。由于协同工作的增加，建筑设计企业对设计标准的建立和优化也更为重视。设计辅助型 BIM 业务虽然关注点仍集中在 BIM 软件的应用上，但目标不再局限于三维设计，而更加注重设计的质量、建筑的性能以及可施工性。

设计型 BIM 业务将进一步为好的设计工具打造好的应用环境，包括基于 BIM 优化现有的设计流程，与其他项目参与方共建协同平台，与相关管理部门探讨有助于 BIM 发展的相关政策等。

第三节　我国建筑工程设计管理中存在的主要问题及其成因

由于建设工程项目的类型众多，对建筑工程设计的要求也不尽相同，所以难以系统地总结我国建筑工程设计管理中存在的所有问题。但在进行中国 BIM 应用调查项目实践的过程中逐步发现，BIM 在建筑工程设计中的实践，已间接反映出我国传统建筑工程设计管理中存在的一些主要问题，而由于 BIM 在我国的应用还处于起步阶段，因此我国 BIM 项目中也存在着诸多建筑工程设计管理问题。这里针对我国建筑工程设计管理中存在的主要问题及其成因分析，将主要基于 BIM 在我国现阶段建筑工程设计中的应用现状而展开。

一、传统建筑工程设计管理问题

（一）设计及分析手段问题

在 BIM 传播的过程中，BIM 相关软件总是最常被提及的；在 BIM 的实践中，BIM 软件的应用也是最常见的突破口。尽管这一现象有一部分原因来自软件开发商是 BIM 认知和发展的重要推动力量，但更重要的是，传统的设计软件在设计、分析能力上确实存在诸多不足。

在传统的二维设计手段下，常见的问题主要有专业间的碰撞、设计的缺漏、以及在功能上的错误。如某项目在设计中，利用 BIM 软件检查出的送风管与主梁的碰撞、剪力墙未给冷却水管留洞预留洞口，以及水、电专业缺乏协作造成的设计隐患。

不难发现，大多数的设计问题在三维设计手段介入后，都能较容易地被设计师发现并得以解决。然而在传统建筑工程设计过程中，各专业的绘图工作都以平面为基础，一般设计师往往只能发现平面中存在的问题，空间中存在的问题需要通过强大的空间想象能力或者非常全面的剖面图才能被发现。一些有经验的设计师虽然具有更加敏锐的观察能力，但空间中的问题通常又涉及多个专业，如果缺乏有效的沟通，再有经验的设计师也难以全面地检查出设计中的各种问题。

传统设计分析手段的不足，也会影响设计的质量。以结构分析计算为例，目前普遍的情况是结构的分析和绘图需要通过不同的软件来完成，即在做好结构分析模型后，再将单线的有限元模型导入绘图软件进行绘图。但随着设计过程的推进，一旦出现了需要改动的地方，如果再重新回到分析软件中进行整体计算，将会非常麻烦而且耽误设计工期。所以，通常的做法是根据经验以及临时的局部计算，在绘图软件里直接修改，而修改的结果往往不会再次返回到分析软件里进行校核。

分析手段的不足也表现在对建筑性能的分析上，如空调负荷计算、能耗分析、绿色建筑相关指标的评价等。由于设计进度的需求，这类型的分析通常会在施工图设计的中段开始进行。但分析的同时，工程设计图纸的修改并未停止，这也很可能导致最终的图纸和分析模型无法完全一致。而如果分析中的各个分项又交由不同的设计人员负责，则可能出现各种分析的输入条件不相同，输出成果更难以对应。若为了使最终成果保持一致性和真实性，分析模型又不得不重建，故再次核对的工作量将变得非常巨大。

（二）设计标准问题

设计标准包括了与设计相关的国际、国家、地区标准和规范，以及企业自身的标准。常见的标准有《建筑制图标准》《总图制图标准》《建筑模数协调统一标准》《通用标准包括民用建筑设计通则》《城市道路和建筑物无障碍设计规范》《建筑设计防火规范》等。

通常情况下，为了确保工程设计图纸顺利通过相关部门的审批，建筑设计企业会十分注重国家或地区的标准与规范。但对设计品质有提升作用的企业设计标准却往往不够重视，或者难以执行、监督。

建筑设计企业的企业设计标准，可以是行业的 CAD 标准，也可以是在行业标准基础上根据企业自身要求或风格优化的企业 CAD 标准。

CAD 标准通常应包括 CAD 规范、图纸及参照文件规范、文件夹结构标准、文件命名标准、CAD 图层标准、文字样式及字体等内容。其意义在于为建筑工程设计项目提供详尽而有序的规则。

以文件夹结构标准为例，基于网络服务器的合理的文件夹结构是协同设计的基础。

如"项目 A"将其分为基础材料、参考资料、手绘草图、工作文件、实体模型、电脑渲染、项目管理及最终几个文件包，结构较为简单，缺乏细化，此类结构通常只适用于规模较小或者参与专业较少的建筑工程设计项目（如单纯的建筑方案设计），而不适用于规模较大且对各专业配合有较高要求的项目。"项目 B"对文件夹结构进行了细化，各专业的文件夹相互独立，并根据具体的绘图人员细化专业文件夹。虽然此种文件夹结构能明确每个设计师的责任，但此种结构依然不利于设计的协同。因为各个专业的具体工作被划分给了多个设计师，他们各自有自己的工作文件夹，这就难免出现设计重复或者设计疏漏的现象。而且专业文件夹被细分为多个设计人，当需要多专业图纸参照的时候，图纸检索的效率会相当低。例如当结构工程师需要参照建筑专业的某张图纸时，结构工程师必须先了解该图纸由哪位建筑设计师负责，才能在该设计师所负责的文件夹下找到该图纸。

这也进一步引出文件命名标准中存在的问题。在传统建筑工程设计的过程中，由于设计的协同并不十分受重视，设计师对工程设计图纸的命名往往不够严谨，即便能准确说明图纸包含的内容（如"一层平面图""剖面图"等），但由于缺乏一定的逻辑层次，非常不利于提高检索效率。

此外，设计电子文档的兼容性不佳也是常见的问题。由于缺乏对 CAD 软件的使用规范，一些设计师喜欢利用一些插件提高设计效率，此类插件容易生成一些特殊的图块，导致没有安装相同插件的其他设计师或其他项目参与方不能获取完整的图纸信息，从而影响设计的交付质量。

（三）设计协同问题

BIM 的产生，在很大程度上，是为了更好开展协同设计工作，可以说设计的协同能力将传统建筑工程设计模式与 BIM 设计模式区分开来。

传统建筑工程设计管理中的设计及分析手段问题可以理解为相关软件的协同能力不足、设计人员的协同意识不强。而设计标准中存在的问题，无论是文件夹结构不合理还是文件命名不严谨，其结果都将不利于设计的协同。

此外，在完善的设计标准中还应包括图纸及参照文件规范，此规范可以说是基于二维设计手段（以 CAD 为主）的协同核心内容，但却也是我国大多数建筑设计企业非常不重视的内容。很多建筑设计企业并不注重外部参照的应用，也不注重 CAD 模型空间与图纸空间的区分，有时候一个文档包含了多张图纸，所谓的"参照"是通过复制粘贴的方法实现的。这样的做法不仅使二维协同设计难以开展，而且无法保障各专业之间的参照保持最新状态。

可以说传统建筑工程设计模式暴露出的各种问题，绝大部分是由设计协同意识的缺乏和设计协同能力的不足造成的。

（四）设计流程问题

如果说设计协同问题是传统建筑工程设计管理中最严重的问题，传统设计流程则与之相互影响。不重视协同设计以及缺乏协同能力造就了现阶段常见的设计流程，而这种设计流程又进一步阻碍了设计协同的发展。

在传统设计流程下，各个专业都有自己的工作主线，不同专业的设计内容分布在不同专业的图纸上，各个设计阶段的信息交流主要依靠关键节点的提资来完成。在这种流程下，信息交流难度大，协同工作难以开展，信息共享也难以保证实时性。一旦某一专业的设计发生改变，若缺乏设计人员之间的及时沟通，其问题很有可能在下一次的关键节点的提资中才能被发现，而这将有可能导致大量的设计返工，严重时甚至影响设计的整体进度和整体质量。

二、BIM 建筑工程设计管理问题

（一）工作范围问题

由于目前许多项目参与方对 BIM 的认识都还只是一知半解，所以无论是业主提出 BIM 的要求，还是设计师提议使用 BIM，其具体的工作范围的界定都是比较模糊的。

首先是 BIM 的业务范围问题。在 BIM 合同谈判上，首先应该明确的就是业主需要的到底是 BIM 咨询服务还是 BIM 设计服务。BIM 设计服务的成果主要体现在准确的建模和高质量的图纸输出上；而 BIM 咨询服务的成果还包括更多基于 BIM 设计模型的有价值的信息，这些信息能更好地配合造价、施工、运营维护等。在 BIM 实践的早期，一些业主向建筑设计企业提出了使用 BIM 的要求，由于缺乏经验，合同中只能以设计团队的人员配备、软硬件的配备作为约束条件，而要提供怎样的服务、得到一个怎样的结果，双方其实都不清楚。其结果往往是业主没能获得所期望的 BIM 成果，而建筑设计企业也不能为自己应该提供更多的咨询服务。这样的合作结果也使双方很难再进行持续性和合作。

其次是 BIM 设计具体应用的范围问题。BIM 设计不代表所有的设计内容都要使用三维设计，不代表所有构建都要表现完整的细节，也不代表所有的设备都要具备完整的信息。很多时候，由于缺乏对 BIM 设计范围和深度的指导，设计师一味地追求设计的"精确"，而业主需要的又只是"准确"的施工图纸，则会造成设计成本和时间上的不必要的浪费。

所以，业主不清楚 BIM 的设计范围，则有可能得不到理想的结果；建筑设计企业不明确 BIM 的设计范围，则会带来不必要的工作量。

（二）设计标准问题

如前文所提到的，企业自身的设计标准意义在于为建筑工程设计项目提供详尽而有序的规则，而建立这样的规则的目的是为了保障协同设计工作的开展。

BIM 设计作为更加注重协同的设计方式，在建筑设计企业的实施标准的基础还是 CAD 标准，但还应进一步添加项目各阶段模型范围及深度规则、BIM 目标与职责、单专业建模流程、多专业模型协调流程、模型输出规则等内容。

由于缺乏适用于我国的 BIM 标准的指导，现阶段我国 BIM 设计业务开展形式仍以翻模型和设计辅助型业 BIM 务为主，大多数的使用者是以 BIM 设计工具去完成传统设计工具需要完成的工作。在缺乏标准约束的情况下，BIM 设计过程中虽然创建了大量的数据，但数据缺乏有效的归类，数据之间缺乏组织与联系。从设计层面看这样的应用很难实现由 BIM 协同给设计工作带来的效率的提升，从项目层面看，也很难从设计的模型中提取更多对其他项目参与方有价值的信息。

（三）数据安全问题

利用 BIM 设计一个有一定难度的项目，通常需要多个软件（包括设计软件和分析软件）配合完成，而为了更好地整合这些软件的成果，达到便于协同的目的，又需要一个共同的平台（常见的如 Autodesk Revit 平台），以保障各种数据信息能实时更新。

但在实践的过程中，由于一个平台承载了非常多的信息，协作中的权限设置不当、病毒感染、设计团队成员或其他外来人员的误操作、软件稳定性都有可能影响整个设计团队的工作。也就是某一专业文档的数据不安全，不再只单纯地影响本专业的设计成果，而有可能造成其他专业设计成果的损坏或文档的丢失。所以更先进、更安全的数据保存、备份方法应受到建筑设计企业的重视。

（四）设计协同问题

与传统建筑工程设计管理中存在设计协同问题不同，BIM 首先极大地提高了设计工具的协同能力，同时 BIM 理念也在使设计师的协同意识不断增强，但却引发了一些由协同工作增多后带来的新问题。

从建筑设计企业内部来看，首要问题是谁来领导协同。如果以某一专业的来领导，一方面会造成该专业的工作量大大增加，另一方面则可能协同领导者为了维护本专业的利益（通常表现为减少本专业的工程图纸修改量）推卸一些本属于自身专业的问题从而影响了设计的整体质量。如果由各专业选派代表组建协同设计团队，或者外聘专业的 BIM 咨询团队，由于该团队的主要任务就是设计检查，每天都会有大量的设计问题被发现，有些细枝末节问题其实并不影响设计质量，但商讨各种问题解决方法的协同会议因此频繁地召开，甚至严重影响到设计进度并使设计师对协同设计产生抵触情绪。

从设计方与其他项目参与方的协同来看，尽管各方都普遍赞成在设计阶段加强施工方、设备供应商、运营方的参与，以尽可能地在设计阶段规避建造、运营过程中潜在的问题。但通过实践设计师会发现，设计难度因为更多项目参与方的介入而大大增加，设计进度也因为各种协调会议被打乱。如果此类 BIM 项目的设计周期没有被适当放宽，设计费用没有相应的提高，设计师同样会对设计的协同产生抵触情绪。

（五）设计流程问题

在 BIM 应用的初级阶段，设计流程并没有发生太大改变，方案设计阶段、初步设计阶段、施工图设计阶段的划分还是十分明确，但是为了更好地发挥 BIM 的协同作用，一些企业开始注重在各设计阶段内的专业协同。

采用这种流程的一个重要原因是目前 BIM 的应用还受制于相关软硬件的水平。简单地说，目前多数 BIM 软件对计算机配置的要求非常高，而且所谓的"顶级配置"计算机也很难承载一个规模过大的项目。

所以在这种条件下，设计师首先会确定一个设计原则（如控制项目原点坐标），然后不同专业各自建模，有些规模巨大的项目甚至在同一专业内也需要分区建模。在复杂设计节点或关键时间点上，采用"链接（Link）"模式对设计成果进行整合或者将设计成果导出到一个专门的软件（如 Autodesk Navisworks）中进行协同工作。当一个阶段的协同作业都顺利完成之后，再进入下一阶段的设计工作。

这种方法的优点是可以有效地避免各专业在同一文件下共同作业对硬件造成的负担，但缺点表现在两个方面：

1. 该流程下的设计协同是定期进行的而不是时时存在的，尽管协同手段已强于传统建筑工程设计模式下的协同手段，但依旧容易出现因设计失误太晚才被发现而带来返工的问题。

2. 该流程的阶段划分依旧十分明确，设计师为了确保设计质量，在各个阶段已花费了大量的时间进行协同。但由于各阶段的目标并不相同，设计初期考虑的问题有时也不够周全，随着项目的深入，一些新的问题，特别是与可施工性相关的问题会暴露出来。而此时要再做修改，也将造成大量的返工。

（六）设计进度问题

在传统建筑工程设计管理中，设计进度就已经是一个非常突出的问题了。在设计进度被制定后，建筑设计企业往往缺乏控制进度、优化进度的手段，进度落后时，也只能依靠增加人力或大量的加班来弥补。

而在使用 BIM 后，更多的协同工作、更高的设计要求以及对新软件，以及对新的工作方式的适应，都使建筑设计企业更加难以准确预估 BIM 项目的设计周期，也更加难以对设计进度进行控制。

（七）设计成本问题

设计成本问题可以从两方面来看。

从设计活动的生产成本来看，建筑设计企业作为知识型产企业，其主要成本来自于人工费用、人才培养和技术研发投入。但很多企业并不愿意为人才培养和技术研发投入大量资金。在这里调研的过程中就发现，许多国内建筑设计企业在创建 BIM 团队的初期，通常还是会请到软件公司或相关的专业技术人员为员工进行一些短期的培训。但在短期培训之后，BIM 团队的员工就只能依靠团队内部的自学和交流来提高相应的业务能力了。而像一些有实力的外国建筑设计企业为员工提供长期的技能培训并成立专门的技术研发中心的做法，在国内是比较少见的。从短期看，减少人才培养和技术研发投入的做法节省了企业的开销，并且不会对企业的争取项目的能力造成太大的影响。但从长远看，这势必会影响企业的创新能力，企业的市场地位也会逐渐被一些更注重人才培养和技术研发的企业所取代。

从整个建设工程项目的成本角度看，BIM 在建筑设计中的应用完全存在优化设计、减少变更、提高建筑性能、降低项目成本的潜能。但要发挥这一潜能，业主就必须要认同建筑工程设计的价值。在我国，多数业主希望将设计费用控制在项目总投资的 5% 以内，有的项目设计费用甚至不足项目总投资的 1%。而低廉的设计费用很难激励建筑设计企业为项目投入更多人力和时间进行优化。

三、建筑工程设计管理主要缺陷成因

我国现阶段建筑工程设计管理中存在的诸多问题，虽然与建筑设计企业的管理意识不强这一主观原因有很大关系，但也受到一些其他的客观因素的影响。

（一）软硬件的水平

建筑设计企业的设计成果，需要通过设计工具进行表达，而设计工具主要又以建筑设计企业选择的软件和硬件为主，故软硬件的水平，将对建筑工程设计、分析水平起到一定的影响作用。虽然计算机的应用对建筑工程设计水平（特别是绘图水平）的提升起到了较强的促进作用，但随着建设工程项目的复杂程度越来越高，传统的 CAD 设计软件和普通的计算机硬件水平已经很难适应不断提升的设计要求。

例如在建的上海中心大厦，规模巨大造型复杂，根本无法单纯依靠传统的设计软件完成设计任务。所以一些造型能力更强、具备参数化设计能力的软件是必需的选择。同时，由于上海中心大厦内部的空间关系极为复杂，如果仅仅依靠二维设计手段，将不可避免地遇到大量的构建碰撞、管线布置不合理之类的问题，所以基于 BIM 的三维设计手段和三位协同平台是必不可少的。

而且，当设计难度增加，很难依靠单一的软件完成设计，多软件的配合是不可避免的。

在多软件的配合中，如果软件之间的兼容性问题不能很好地解决，硬件不能满足软件的要求，都将阻碍设计、分析能力的提升。

（二）人才的素质

由于建筑工程设计行业的分工细化，各专业的设计人员在校期间，主要学习的就是本专业的知识，进入工作岗位后，又由于各专业之间的配合并不十分紧密，所以要了解其他专业的知识和工作特点，需要一个漫长的经验积累过程。

而且我国的建设工程项目大量采用 DBB 模式，在该模式下，设计、建造、运营维护是一种近似串联的工作流程，设计师往往在结束一个建筑工程设计项目后便迅速进入下一个项目的设计工作中，而很难有机会关注其他项目参与方的工作内容。

所以要周全地考虑设计中存在的问题，设计师就必须较为全面地了解其他设计专业知识和其他项目参与方的需求。

BIM 的引入，虽能促进建筑设计企业内部各专业之间的协作、交流和项目学习，也能增进设计师对其他项目参与方需求的了解。但这又对设计师的 BIM 软件掌握能力提出了新的要求。

（三）市场环境

BIM 起源于美国，并在美国和一些其他发达国家迅速推广，但在中国的发展却受到诸多阻碍，究其根源是由于建筑市场环境的不同造成的。

在发达国家，大量的基础设施建设已经完成，建筑业正在逐渐萎缩，特别在经济衰退时期，整个建筑业都面临着巨大的生存考验。而 BIM 所带来的新工具和新理念，无论对设计方、施工方、构建制造商，还是供应商，都将成为提升竞争力的重要因素。而这种优势，将对于企业的生存起到极为重要的作用。由此可见，BIM 对许多发达国家的建筑企业而言，是经济衰退时期的重要发展战略。

反观中国，作为目前全世界最大的建筑市场，中国在城市化进程中有大量的基础设施建设尚未完成。与发达国家的建筑业萎缩相比，中国的建筑业正处于蓬勃发展的时期。而建筑市场的环境不同，也让中国建筑企业不像发达国家建筑企业那样重视质量与效率，很多时候，承接项目的多少是衡量企业能力最重要的标准。"以量取胜"的观念也在中国建筑设计企业中广泛存在，所以 BIM 的推广受到阻碍、建筑工程设计管理不被重视的现象也在情理之中。

（四）相关标准与法律法规

建筑设计企业不注重企业设计标准一直是我国建筑设计企业设计管理中存在的问题。但在 BIM 推行的过程中，仅仅依靠建筑设计企业加强 BIM 标准的研究是不够的。美国、英国、新加坡等发达国家，都有政府或行业协会在进行 BIM 标准的研究工作。因为 BIM 标准不只是针对某一项目参与方的标准，还要兼顾整个建筑行业的协作需求，需要项目参与各方共同完成。政府或行业协会的 BIM 标准将对建筑设计企业开展 BIM 工作起到指导性作用，而企业需要再结合实践经验完善 BIM 标准。所以建立我国的国家 BIM 标准，是急需解决的问题。

除了建立 BIM 标准以外，为更好地发挥 BIM 的价值，一些相关的法律法规也需要做出适当的调整。例如在常见的 DBB 项目中，设计师在工程招标之前，是不能对构件或设备添加厂商信息的，而只能用通用图块代替，这也很可能造成图纸中的构件或设备尺寸与实际情况不符，而尺寸的不符，其实是不利于在设计阶段进行碰撞检测与管线综合的。特别是管线无法在设计阶段有效优化时，就很难进行管线预制，大量的工作需要留到施工现场解决，不仅难度大成本高，也极有可能导致设计变更。

第四节　BIM 建筑工程设计管理改进措施

目前，我国的 BIM 项目集中于一些大型、复杂的重点项目中。尽管 BIM 在我国的应用还处于起步阶段，但一些建筑设计企业已经开始注重 BIM 在建筑工程设计管理中应用，并总结出了一些切实有效的基于 BIM 的建筑工程设计管理改进措施。

一、设计及分析手段改进措施

建筑设计企业的设计及分析手段绝大部分需要依托相关的设计、分析软件来实现。计算机软硬件的水平，对建筑工程设计、分析水平会起到一定的影响作用。然而，计算机软硬件中存在的一些问题，例如某些特殊设计需求相关软件无法实现、设计软件之间不能良好兼容，以及计算机硬件水平无法满足个别设计软件需求等，却又是建筑设计企业难以控制的。

但在相关计算机软硬件能完全有效地解决所有问题之前，建筑设计企业必须利用好现有的资源，通过各种方法，尽可能地发挥计算机软硬件的作用，改进设计及分析手段。

（一）软件的选择

目前市面上存在着各种各样的设计软件和分析软件，都有各自的优势，但同时也存在着一些不足。在软件的选择上，建筑设计企业可以考虑以下几点原则：

1. 尽可能选择兼容性较强的软件

软件的兼容性表现在其输出格式与其他软件的兼容性以及其输出成果与市场要求的兼容性两个方面。

就输出格式而言，传统二维设计软件的设计输出格式应以 DWG 格式为主，BIM 软件应该具备输出 IFC 格式的能力。

就输出成果而言，一些设计师喜欢选用一些对设计效率有帮助的软件，例如基于

CAD 开发的天正，此类软件输出格式虽然也是 DWG 格式，但其内置的是我国的设计规范，当建筑工程设计项目是国际合作项目且需要符合其他国家或地区的相关设计规范时，是要尽量避免使用的。

2. 尽可能选择 BIM 相关软件

BIM 是国际建设工程领域发展的主要趋势之一，推广 BIM 也符合我国建筑业信息化发展的目标。选择 BIM 相关软件，一方面可以提升设计、分析能力，丰富设计及分析手段；另一方面可以促使设计师加强协作，从而提升建筑设计企业的设计协同能力。

目前市场上 BIM 主流核心建模软件包括 Autodesk 公司的 Revit 系列、Bentley 的 Micro Station 以及 Graphisoft 的 Archi CAD 等。建筑设计企业可以根据自身的特长或根据所承接的项目特点选用相对的软件。例如以民用建筑设计为主的建筑设计企业可选择 Autodesk Revit 系列；以工厂和基础设施设计为主的可选用 Bentley 的产品；单专业建筑事务所，特别是以建筑专业为主的事务所，可考虑使用 ArchiCAD。

3. 根据特殊需求选择效率最高的软件

一些常用的设计软件虽然具有较强的综合设计能力，但对一些特殊的设计需求却无法满足。例如，当建筑形体较为复杂、存在大量曲面时，就需要借助一些造型能力较强的软件。上海中心大厦在设计初期，就选用了 Rhinoceros 结合 Grasshopper 的方法，以保证能高效地处理自由曲面，并通过参数化手段有效地控制形体的变化。

又如，当项目需要可持续（绿色）分析的时候，可选择 Echotect，Green Building Studio 和国内的 PKPM 等。

如果项目存在大量的钢结构深化工作，可以选择 Tekla Structure（Xsteel），该软件能对钢结构进行详细的设计，并能生钢结构加工所需的材料表、数控机床加工代码等。

（二）软件的配合

由于不同软件的功能与特点不尽相同，建筑设计企业需要针对不同的项目类型选用不同的软件，有时，当项目过于复杂，在同一项目的不同设计阶段，也需要选用不同软件或进行多软件的配合。此时，BIM 作为信息综合平台的重要性就显现出来了。如果缺乏一个能综合集成所有软件设计成果的平台，设计师在协同时就必须打印大量的图纸，这不仅耗费资源，也不利于沟通。

目前，一些 BIM 软件已能实现对其他常用设计软件输出成果的整合功能，例如 Autodesk Revit，就能整合 CAD 图纸和多种建模软件的模型成果，这对设计效率和设计准确性的提升都是极为有帮助的。

但是，毕竟目前软件的功能都还有限，要使各种软件更好地配合，还需要建筑设计企业和软件开发商共同努力。

二、设计标准改进措施

设计标准的改进主要是针对建筑设计企业设计标准的改进。

对非 BIM 用户而言，应重视 CAD 标准的建立与应用。CAD 标准不仅能使设计活动更为规范、设计成果质量更有保障，同时也有助于建筑设计企业进行初级的协同设计。

对 BIM 用户而言，CAD 标准依然是设计标准的基础，在此基础上，应加强 BIM 标准的建立与应用，以确保 BIM 项目顺利地实施。

（一）CAD *标准*

美国 CAD 标准对其作用和意义解释为：CAD 标准简化了项目全寿命周期内的数据交换，并通过协调全行业的建筑工程设计数据，方便业主与设计、施工团队的沟通，以此降低项目成本，提升设计与施工过程中的效率。

我国也颁布过一些 CAD 标准，如《GB/T18229 — 2000CAD 工程制图规则》，规定了用计算机绘制工程图的基本规则。该标准对 CAD 工程制图的基本设置要求、投影法、图形符号的绘制、CAD 工程图的基本画法、CAD 工程图的尺寸标注和 CAD 工程图的管理进行了原则规定，但却没有做出进一步的细化，而对文件夹结构、命名规则、参照规则等一些实用的内容甚至没有规定。这也使我国现有的 CAD 标准很难在设计实践中得到贯彻。

一部实用的、有助于协同设计工作开展的 CAD 标准通常应包括（但不限于）以下内容：

1. CAD 规范

CAD 规范的主要作用是对构成 CAD 输出成果的基本元素进行规范，包括定义不同线条的样式和线宽、专业术语（特别是有中英文对照时的专业术语）、缩写与图例、图纸尺寸、图纸格式、比例注释、图纸序号、标题栏信息等内容。

2. 图纸及参照文件规范

任何一张图纸开始绘制之前，都需要对该图纸和外部参照方式进行规范。外部参照原则应包括：

（1）每个专业都需要创建外部参照文件，以供本专业以及其他专业创建图纸使用。

（2）当嵌套外部参照文件时，不可引用已完成的图纸文件，而只能引用外部参照文件，在参照其他专业图纸时，需使用覆盖而不是附着方式，以保持对所有文件的一致性控制。

（3）不可直接拷贝其他专业图纸到本专业图纸中或拷贝其他专业图纸到本专业文件夹中用作外部参照，以保证图纸信息的实时更新。

（4）各专业自身的外部参照文件中应仅表示各专业本身所涉及的信息。

（5）外部参照文件不应包括日期，个人名称，版次信息或其他无关数据。

（6）图纸空间外部参照插入点应为（0，0，0）。

3. 文件夹结构标准

图纸及参照文件规范，可以方便建筑设计企业内部多专业的沟通，极大地提高传统建筑工程设计的协同能力。但在协同设计工作开始之前，还应首先建立基于网络的良好的文件夹结构。

缺乏细化或者根据具体的绘图人员来细化文件夹的做法都是不利于协同设计工作的开展的。

如文件夹结构下，各专业的文件夹细分为设计相关文档、设计过程文件和图片、设计图纸文件以及外部参照。所有的具体设计内容都至于外部参照文件夹中；而设计工程图纸文件是在CAD图纸空间中，根据适当的比例，对所需的外部参照文件进行整合，并添加对应的标注和说明。

这样的优势在于，一旦外部参照文件修改，所有引用到该参照文件的工程图纸都会及时更新，仅需要对变化后的图纸标注和说明进行复查即可。这不仅保证了所有设计专业设计文件之间的一致性、准确性，还大大减少了设计修改的工作量。而且各专业图纸可以相互参照，设计沟通相较于将设计内容打印出来进行图纸比对方便了许多。并且，任何时候的设计沟通，都是基于最新各专业的设计成果进行的。如此一来，传统建筑工程设计模式的协同能力将大幅度增强。

此外，该文件夹结构还添加"设计节点PDF图纸"文件夹，将有助于建筑工程设计项目文档的发布、备份与参考。

当然，要进一步规范化设计成果，还可以设置"CAD文件夹"，文件夹中可以包括建筑工程设计项目所需的字体、图库、打印样式文件、提升效率的插件等内容。

4. 文件命名标准

建立了利于协同设计的文件夹后，还应建立一套利于检索的文件命名标准。该标准首先应该有一套代号。例如以专业划分，A，S，M，E，P，I可以分别代表建筑、结构、暖通、电气、给排水、室内专业。专业代号加上编号即组成设计图纸文件名。

外部参照文件的命名标准同图纸命名标准一样，也首先应建立一套代号。例如以XAR，XST，XMF，XEL，XPL，XIN（X代表外部参照）代表建筑、结构、暖通、电气、给排水、室内专业；以FP（Floor Plan），EL（Elevations），SC（Sections）等代号表示平面图、立面图、剖面图等图纸类型。完整的文件名结构为"专业—图纸类型—必要的编号"。

一个外部参照文件中可以包含大量信息，这些信息将在多张设计工程图纸中得到体现。例如"XAR—EL.dwg"中可以包含建筑专业所需的所有立面信息，建筑专业各张立面设计图纸都将参照该外部参照文件，并用适当的视觉范围和显示比例加以控制。

5. CAD图层标准

不同的建筑设计企业有不同的CAD图层使用习惯，但与文件命名标准一样，图层标准的制定，应重视图层的逻辑性，应易于辨识和检索。

6. 文字样式及字体

文字样式及字体相较于其他设计内容，虽然并不十分重要，但美观、统一的设计文字对工程设计图纸的整体效果提升有着很大的帮助，也有助于提升建筑设计企业形象。在设计准备阶段，就应选定字体、确定文字高度、宽度因子、倾斜角度。建筑设计企业也可以设计一套能代表企业风格的文字样式和字体，作为企业差异化竞争的一部分

（二）BIM 标准

美国作为 BIM 的研究和应用起步较早的国家，对 BIM 标准的研究也较为领先。2007 年，美国建筑科学研究院发布了美国国家 BIM 标准（NBIMS）的第一版。随后的几年间，英国、芬兰、挪威、澳大利亚、日本、韩国、新加坡等国也相继发布了各自的 BIM 标准。

目前，常见的 BIM 标准可分为技术标准和实施标准两大类。

BIM 技术标准是 BIM 实施标准的技术基础。技术标准的制定为 BIM 的相关应用服务的开发者和管理者提供了必要的规范，以保障 BIM 的相关应用系统之间能进行良好的交互活动。

BIM 实施标准是 BIM 技术标准与实际业务活动映射的规范，常见的形式有使用手册或操作指南。

1. BIM 技术标准

BIM 技术标准体系的核心主要包括数据储存标准、信息语义标准、信息传递标准。

（1）数据储存标准

数据储存标准是对信息标准化的描述，该标准包括数据格式、语义扩展、数据访问接口、一致性测试规范。而数据格式是对 BIM 用户而言最常接触到的数据储存标准。

目前，IFC（Industry Foundation Classes）是目前世界范围内共享和交换 BIM 数据的标准格式，同时也被国际标准化组织 ISO（International Organization for Standardization）采纳为 ISO/PAS16739。该格式由国际协同联盟（International Alliance for Interoperability，IAI）于 1997 年发布了第一个完整版本，以类的概念描述建筑对象、对象的属性以及对象间的关系。经历不断地更新，截至 2013 年三月，该格式已发展到 IFC4 版本。

（2）信息语义标准

信息语义标准是对信息含义及其之间关系的规范，以实现在不同系统下，确保对信息的理解一致，该标准包括分类编码和数据字典两部分。

美国自 20 世纪 70 年代以来，逐步建立了 Uniformat 和 Masterformat 等建设工程项目编码体系，而最新的 Omni Class 信息分类标准则涵盖了更广的元件及产品分类信息。

数据字典的目的在于为每一个建筑概念定义一个唯一的标识码，以确保在信息交换的过程中，使用者能获取最为准确的信息。目前，全球通用的数据字典是由 IAI 基于 ISO12003—3 建立的 IFD（International Framework for Dictionary）。

（3）信息传递标准

信息传递标准的主要目的，是在信息传递过程中，对其流程和方法进行标准化。

目前的信息传递标准主要有 IDM（Information Delivery Manual）即 ISO29481—1 以及由 IAI 制定的标准《Model View Definition（模型视图定义）》。

除三大核心标准外，由美国建筑科学研究院（National Institute of Building Sciences，NIBS）发布的美国国家 BIM 标准（United States National Building Information Modeling Standard，NBIMS）涵盖了三大标准，是集指导性和规范性为一体的 BIM 标准。NBIMS 第一版于 2007 年发布，2012 年该标准第二版发布。

2.BIM 实施标准

BIM 实施标准作为 BIM 技术标准与实际业务活动映射的规范，由于各个国家、各个地区的建筑工程业务特点各有不同，其类型也更为多样化。

（1）BIM Handbook（美国）

由 Chunk Eastman 主编的《BIM Handbook》，介绍了 BIM 理念及其相关的技术，例如参数化建模、BIM 的潜在优势、BIM 的成本及必要的基础投入，解释了 BIM 与传统模式相比，在设计、建造及运营维护等阶段有何不同，并从多个角度探讨了 BIM 的现状和未来发展趋势。同时，还提供丰富的案例研究，指导读者实施 BIM。是一部宏观性较强的 BIM 指导手册。

（2）BIM Project Execution Planning Guide（美国）

《BIM Project Execution Planning Guide》由美国 bSa（building SMART alliance）发布，为 BIM 项目执行规划的创建和实施，提供了一个结构化的程序。该程序包括：

①分析并确定 BIM 在规划、设计、施工和运营阶段的高价值应用点。

②设计 BIM 的执行流程。

③定义 BIM 的信息传递形式和交付成果。

④通过合同、沟通流程、技术和质量控制，确保 BIM 执行规划的顺利开展。

该指南能较好地服务于业主对 BIM 项目的开展进行规划与控制。

（3）LOD（Level of Development）（美国）

为了规范 BIM 项目中的不同阶段下，每个模型元素的具体信息深度要求以及参与各方的工作界限，美国建筑师协会（AIA）于 2008 年的《DocumentE202》中定义了 LOD 的概念。LOD 可以使业主及项目参与各方更好地了解不同阶段的模型应达到的信息深度和输出的结果，并明确项目参与各方的建模任务。LOD 对 BIM 合同的签订和 BIM 模型输出结果的审核都是具有较强指导作用的。

（4）AEC（UK）BIM STANDARD for Autodesk Revit（英国）

AEC（UK）BIM 标准项目委员会由多家英国设计施工企业共同成立。其制定的标准包括一份通用型标准和一份专门针对 Autodesk Revit 软件使用的标准，即《AEC（UK）BIM STANDARD for Autodesk Revit》。由于该标准只涉及设计中的 BIM 应用，所以可以看作是一份 BIM 设计标准。尽管该标准主要讲述的是 Autodesk Revit 软件的使用方法，但不同于一般的软件教材，该标准更注重于项目的协同设计流程建设，适合于基于 Revit 平台的建筑设计企业使用。

（5）National Guidelines for Digital Modelling（澳大利亚）

《National Guidelines for Digital Modelling》是由澳大利亚政府联合多家企业和科研机构组织合作研究，并由 CRC Construction Innovation 发布的面向澳大利亚建筑行业所有参与方的 BIM 实施指南。该指南侧重点并非是介绍 BIM 应用的技术细节，而是讨论如何通过制定和实施更加严谨的 BIM 行业规范，以更充分发挥 BIM 技术的优越性。

（6）Singapore BIM Guide（新加坡）

《Singapore BIM Guide》分为 BIM 说明书和 BIM 建模和协作流程两部分。BIM 说明书主要阐述了 BIM 模型在项目各阶段应有的深度、项目参与各方的责任与义务、BIM 的成本以及 BIM 潜在的增值服务。BIM 建模和协作流程部分则具体介绍了 BIM 的实施方法。是一本对建筑设计企业而言参考意义较强的指南。

除标准之外，挪威的《Statsbygg Building Information Modelling Manual》，香港的《Building Information Modelling（BIM）User Guide for Development and Construction Division of Hong Kong Housing Authority》、韩国公共采购局发布的 BIM 指南等也是较为常见的 BIM 实施标准。

目前，我国也开始逐步重视 BIM 标准的研究。

2011 年 6 月，住房和城乡建设部颁布了《2011 ～ 2015 年建筑业信息化发展纲要》，明确将"'十二五期间'，基本实现建筑企业信息系统的普及应用，加快建筑信息模型（BIM）、基于网络的协同工作等新技术在工程中的应用，推动信息化标准建设，促进具有自主知识产权软件的产业化，形成一批信息技术应用达到国际先进水平的建筑企业"作为总体目标。

同年 12 月，清华大学 BIM 课题组编著的《中国建筑信息模型标准框架研究》一书出版。该书在分析了国际 BIM 标准体系框架和中国 BIM 标准的实际需求后，提出了一个与国际标准接轨并符合中国国情的开放的中国建筑信息模型标准 CBIMS（Chinese Building Information Modeling Standard）框架。CBIMS 将包括 BIM 技术标准和 BIM 实施标准，与美国的 NBIMS 类似，是集指导性和规范性为一体的 BIM 标准。

2012 年初住房和城乡建设部启动了我国国家 BIM 标准的制定工作，主要包括《建筑工程信息模型应用统一标准》《建筑工程设计模型分类和编码标准》《建筑工程信息模型存储标准》《建筑工程设计信息模型交付标准》。

建筑设计企业的 BIM 标准应综合 BIM 技术标准与 BIM 实施标准在设计阶段的内容。国外的 BIM 标准和我国将来完成的 BIM 标准都可以作为借鉴。

而就中国 BIM 标准是否应该成为强制性标准的问题，在这里看来，中国 BIM 标准很难、也没必要作为一个强制性的标准。BIM 的意义在于提高建筑业的生产效率，强制性标准若不能合理应用，建筑设计企业为了满足标准要求而想尽各种方法"打擦边球"，反而不能提高生产效率，便失去了 BIM 的意义。中国 BIM 标准应该作为一种参考性的标准，让项目参与各方更好地了解 BIM 的技术标准体系、符合我国国情的实施方法，以及 BIM 能达到的效果。至于不同类型不同规模的项目用怎样的流程、达到怎样的深度、输出怎样的结果，实践的经验将会是对 BIM 标准最好的补充。

三、数据安全改进措施

为了确保基于网络的设计数据的安全，建筑设计企业首先应对文件夹的使用权限进行设计，此外还应该选用更加先进、更安全的数据保存、备份平台。

（一）文件夹权限

对项目文件夹设置访问和修改权限，一方面能明确设计参与者的职责，另一方面能避免一些越权的误操作导致设计成果受到破坏。过于严格的文件夹权限不利于提高设计效率，但一些原则性的权限是必不可少的。

例如，存放项目的基本信息、重要的通知、会议纪要等文件的文件夹，应该只有项目负责人具备可写权限，专业负责人和设计人员只应有只读权限。

又如存放各专业提交的归档文件（包括 DWG 图纸文件和 PDF 图纸文件）的文件夹，应只为各专业的专业负责人提供可写权限，项目负责人和设计人员仅有只读权限。

此外，各专业的设计人员不得有其他专业工作文件夹的可写权限，以避免在进行图纸参照时对其他专业图纸做出误修改。

（二）文档管理平台

虽然如今服务器的安全性、稳定性都十分可靠，但对于一些重大项目，选用更先进、更安全的云端文档管理平台仍是有必要的。

例如 Autodesk Buzzsaw 软件，便是基于云技术的文档管理平台。Buzzsaw 能使项目团队更为集中、安全地进行数据交换、同步，提高设计协作效率，还能支持 BIM 工作流程。该平台不仅能对文档进行保存、备份、同步，而且通过云端，项目参与各方可以随时随地通过计算机或其他移动设备浏览自身权限内的最新工程图纸。

四、设计协同改进措施

设计的协同问题，不仅是现阶段建筑设计企业最亟待解决的问题，也是最需要从多个方面进行解决的问题。

这里前文所提到的设计及分析手段的改进，设计标准的改进，数据安全的改进，都是有助于改进设计协同的方法，而 BIM 在其中的重要性也尤为明显。

为了保障 BIM 设计活动的开展，建筑设计企业应首先考虑组建怎样的 BIM 设计团队，BIM 设计团队的工作内容和目标是什么。

当然，为了进一步配合 BIM 提高设计协同能力，相应的设计流程改进也是必不可少的。

五、BIM 设计团队组建方式

这里通过调研,发现目前我国建筑设计企业有三种较为有效的 BIM 设计团队组建方式:

第一种 BIM 设计团队主要由 BIM 软件技术人员组成,团队不一定具备丰富的设计经验,但有较强的软件使用能力或开发能力。该类型的团队主要负责配合设计团队完成 BIM 建模,并执行碰撞检测之类的工作。通常建筑设计企业选择这种设计团队与 BIM 技术团队相配合的方法,主要是因为业主对建设工程项目有 BIM 使用的要求,但也对进度有要求,但有经验的设计师在短时间内又无法掌握 BIM 相关软件,所以只好用这种方法按时完成任务。随着 BIM 项目经验的积累,设计团队与 BIM 技术团队可以相互学习,并逐渐融合。

第二种 BIM 设计团队主要由兼备设计经验和 BIM 软件应用经验的设计师组成。由于人才的稀缺,这种 BIM 团队通常是为了完成建筑设计企业的一些科研项目而组建的。此类项目没有过多的成本、进度要求,但对 BIM 工作的范围和深度都远远超出一般建筑工程设计项目的要求。重视技术研发的建筑设计企业会适当减少这类团队的业务量,并通过研发奖金,激励团队不断创新。通常这类团队的研究成果会领先于业界的平均水平,一旦具体的技术和方法具备了从学术化转向商业化、市场化的条件,则将大大提升企业竞争力。

第三种 BIM 设计团队并不是组建一些小团队,而是对整个建筑设计企业提出 BIM 要求,例如要求设计员工每年的业务中,有一定比例必须是 BIM 工作。这样的做法短时间内看会对企业和员工带来较大压力,但从长远发展看,有助于企业建立牢固的 BIM 业务能力的基础。

其实,三种 BIM 团队形式各有优点,建筑设计企业可以根据自身条件,选择适合自身的 BIM 设计团队建立方式。

六、BIM 设计流程优化方式

一些建筑设计企业在 BIM 应用初期,为了加强设计的协同,对传统设计流程的一些改进。但在 BIM 初级阶段的设计流程下,设计的协同能力仍显不足,对其他项目参与方对设计要求的考虑也不够全面。

清华大学 BIM 课题组在其所编著的《中国建筑信息模型标准框架研究》一书中,提出了一种 BIM 深化阶段设计流程。该流程与 BIM 初级阶段设计流程相比,BIM 成为整个设计阶段中所有设计行为的载体,各专业、各设计阶段的界限都更加模糊。

在此流程下,各专业间的协同进一步加强,设计过程更加严谨,但同时也对相关软硬件提出了更高的要求。

当然,基于 BIM 的设计流程不能仅考虑建筑设计企业内部的协同,还应重视项目参与各方的协同。以加强设计的可施工性为例,上海中心大厦在 BIM 实践的过程中,就总结出一套适用于建设单位、设计单位、BIM 顾问单位、总承包商和分包商共同协作的深化设计流程。

可以看到，BIM在设计中的应用并不局限于建筑设计企业的应用，更延伸至施工阶段，在建设工程项目特别复杂的情况下，由总承包商主导的BIM设计应用，甚至还能更好地保证设计的可施工性。

这也符合多数发达国家的建筑工程设计行业现状：一方面，建筑工程设计的施工图主要由承包商完成；另一方面，长期以来的"业主——建筑师——承包商"模式正在向"业主——建筑工程设计项目管理者"模式演化。而这种演化也值得我国业主、建筑设计企业和承包商在建设工程项目向着复杂化的方向发展时借鉴。

七、建筑工程设计项目管理改进措施

项目管理有三大管理目标，包括质量、进度和成本。对建筑设计企业这种典型的知识型企业，有效的知识管理是对设计质量最好的保障。这里前文所述的一系列改进措施，有助于企业完善其知识管理体系中的背景知识和过程知识，而配合实践、分析和总结，将使知识管理中的实例知识也得以扩充。知识管理体系的完善，不仅提升的是建筑设计企业的产品质量。当建筑设计企业内部知识流动顺畅，必然能提升设计效率并减少设计修改，这也将对进度与成本起到改善作用。

当然，针对具体的设计活动，引入一些有效的项目管理方法，将进一步提高设计管理水平。

例如，在建筑设计企业中，除了对设计质量进行把控外，主要需要控制的便是设计活动的进度和相关的人力资源安排。但在设计实践中，进度的控制和人力资源的安排通常只能根据建筑设计企业的经验进行大致的判断，而缺乏量化的手段。此时，利用工程项目管理中常用的挣值法便是一种有效的措施。

挣值法是一种对项目进度和费用进行综合控制的有效方法，用于分析项目的实际工程量完成情况对成本的影响。

在设计活动中具体操作时，首先要对设计工作进行分析，根据经验和要求，判断完成所有工程图纸所需要的总工时（相当于工程项目中的计划工作量），再根据制定的设计进度，估算每周（或根据项目情况确定单位时间）所需的人力投入（相当于工程项目中的预算定额）。通过挣值法的公式，即可制作建筑工程设计管理的挣值法Excel模板。

将计划所得的总工时和每周所需的人力投入写入挣值法模板，即可得到计划总工时的人力投入（挣值法中的计划值，PV，即计划工作量的预算费用）。

随着设计的进行，通过定期记录实际的建筑工程设计项目的完成情况和人力投入情况，便可得到挣值法所需的已完成工时的实际人力投入（挣值法中的实际成本，AC，即已完成工作量的实际费用）以及已完成工时的计划人力投入（挣值法中的挣得值，EV，即已完成工作量的预算成本）。

而通过对比"实际成本""挣得值"与"计划值"，就能直观地反映出设计进度与人力投入与预期的具体差异。

挣值法的应用，量化了在传统建筑工程设计管理中难以量化的进度与所需人力，为设计进度的调整和人力资源的优化提供了可靠的数据支持。同时，能帮助建筑设计企业更好地了解不同项目所需的时间和人力，长期的积累将有助于建筑设计企业更好地分析项目情况、编制进度计划、优化人力资源。

由此可见，工程项目管理中的一些方法，只要灵活运用，同样适用于建筑工程设计项目管理，而设计活动中项目管理手段的丰富和有效的应用，也将大大提高建筑工程设计管理的整体水平。

当然，如果在传统的建筑工程设计模式下，使用类似挣值法的工程项目管理方法，虽然能提高建筑工程设计管理水平，但也会为建筑设计企业带来额外的工作量。因为统计建筑工程设计项目的实际进度和工时需要耗费许多时间，准确性也较低，再将所统计的信息录入相应模板进行挣值法的过程也较为繁琐。

此时，BIM 作为一个项目的信息综合平台，就能体现出自身的优势。以 Autodesk Revit 平台为例，通常利用 Revit 出图的建筑工程设计项目都会有完整的图纸清单，设计管理者仅需要在图纸中加入"图纸完成比"和"累计工时"的实例参数，并要求设计师定期填写这两项参数，就可以使用 Revit 的清单功能，输出即时、准确的设计进度和人力投入情况。再将所得数据输入挣值法模板，就能准确、高效地完成挣值法。如果建筑设计企业还具备软件二次开发的能力，甚至还能将挣值法模板写为插件，置于 Revit 中，让软件自动完成数据的读取和分析，进一步提高设计管理的效率。

八、BIM 建设工程项目采购 / 交付模式

建筑工程设计作为建设工程项目的一部分，设计活动的开展方式与建设工程项目采购 / 交付模式是息息相关的。

DBB 模式是最为常见的建设工程项目采购 / 交付模式。该模式的特点在于招标中的竞争性，使其竞标结果往往是低价中标，而这也让业主能以较低的价格完成项目。但 DBB 模式的不足也十分明显。

由于 DBB 模式是先设计，再招标，建筑设计企业仅需要按照业主的设计要求，满足相关法律法规对施工图纸的深度要求，即算完成设计任务。所以在设计过程中，建筑工程设计管理是属于设计活动层次的，其管理对象主要是建筑工程设计活动的质量（即工程图纸质量）、进度、成本等，而对建设工程项目本身的质量、进度和成本等是欠考虑的。

例如，建筑设计企业往往不注重细节的设计，或在设计细节时对施工工艺欠考虑，而这种做法造成的问题通常包括：许多构建难以预制、材料用量难以准确估计、设计的错漏导致大量的设计变更等。

但是，究其根源，并非建筑设计企业有意将此类问题留到施工阶段，而是 DBB 模式的广泛的应用，使得设计与施工脱节，如果建筑设计企业不重视向承包商和供应商的学习，设计过程缺乏与现场和厂商的互动，则建筑工程设计管理活动也很难从项目层次周全地考虑设计中存在的问题。

特别当业主要求建筑设计企业使用 BIM 或建筑设计企业决定开展 BIM 业务时，如果项目依旧采用 DBB 模式，由于缺乏多项目参与方的共同协作，BIM 作为项目信息综合平台的价值被大大削弱。DBB 模式下，BIM 虽能为建筑设计企业提供更好的设计工具，但很难将建筑工程设计管理从设计活动层次提升至项目层次。

所以，更为合理的建设工程项目采购 / 交付模式同样也能使建筑工程设计管理更加合理。特别是在 BIM 开始逐渐被越来越多建筑工程设计同行所重视的情况下，探索更利于 BIM 业务开展的建设工程项目采购 / 交付模式，是有利于建筑工程设计管理水平提升的。

（一）DB 模式

如今一些建设工程项目复杂程度越来越高，一些发达国家为了在提升建筑业的效率的同时确保项目的质量，开始将长期以来的"业主——建筑师——承包商"模式向"业主——建筑工程设计项目管理者"模式演化。也就是逐渐从 DBB 模式向 DB 模式演化。

在 DB 模式下，业主直接面对一个设计施工总承包商（通常是具有设计能力或与设计事务所和合作关系的承包商）。总承包商综合设计与施工因素，提出满足业主要求的建造计划以及相应的总成本和进度，再由业主审核通过。

值得一提的是，由于总承包商具有设计和施工的能力和经验，即便有其他设计分包和工程分包的参与，总承包商为了减少由设计变更给自身带来的损失，也会严格把控设计分包设计成果的可施工性。这也使得 DB 模式下的建筑工程设计管理从设计活动层次上升到了项目层次，虽然不一定能有效地解决项目全寿命周期中存在的问题，但是设计与施工的协同加强，让设计的可施工性大大增强。

DB 模式在许多发达国家已逐渐普及，在 BIM 项目中更是有着广泛的应用。DB 模式一方面减少了 BIM 模型在传统建设工程项目采购 / 交付模式下从设计阶段到施工阶段过程中由于需求的不同而造成的不断重建；另一方面让 BIM 在设计阶段的一些应用更加合理，如碰撞检测不再是单纯的构建之间的"硬碰撞"，而是考虑了施工工艺空间的"软碰撞"。

可以说，在 DB 模式下应用 BIM 是一种较为理想的选择。

（二）IPD 模式

综合项目交付（Integrated Project Delivery，IPD）模式是伴随着 BIM 的发展而出现的一种较为新颖的建设工程项目采购 / 交付模式。AIA 在 2007 年发布的《Integrated Project Delivery: A Guide》中，对 IPD 模式做出了定义：IPD 模式是一种将与项目相关的人、系统、业务结构和实践经验集合为一个过程的项目交付方式，在此过程中，项目参与各方在项目实施的各个阶段共同协作，优化项目成果，为业主创造更大价值，减少浪费并最大化项目效率。

IPD模式实施的基础是基于BIM技术的项目全寿命周期的多方合作，其主要思想包括：

1. 集成思想。集成人、系统、业务结构和实践经验，促进建设工程项目的整体化。

2. 合作思想。组建基于信任、协作与信息共享的建设工程项目BIM团队，项目参与各方风险共担、收益共享。

3. 全寿命周期思想。项目参与各方在项目各个阶段知识共享。

4. 精益思想。竭尽所能减少返工和浪费，在保证质量的前提下力求降低成本、缩短工期，以达到最优项目目标。

在IPD模式下，建筑工程设计管理不仅从设计活动层次上升到了项目层次，更因为多方的协作存在于项目的各个阶段，设计管理者可以吸收来自于项目参与各方的知识与经验，结合BIM平台强大的信息整合能力，在设计阶段对项目的功能、美学、可施工性、性能等各个方面进行全面的考虑。

可以说，IPD模式为建筑设计企业这样的知识型企业创造了更好的知识传播、交流与创新的环境，为优化建筑工程设计管理方法、提升设计质量打下了坚实的基础。

但是由于IPD相较于传统的DBB模式，项目参与各方的合作方式将发生较大的变化，各方的工作量与工作难度也会发生不同的变化，而相应的，利益也有需要重新分配。要使IPD模式被进一步推广，还需要整个建筑行业共同努力，寻找保障IPD模式顺利开展的可行办法。

（三）其他模式

从建设工程项目采购/交付模式可以看出，最为传统的DBB并不利于发挥BIM的价值，DB模式是现阶段一种可行性较高的适用于BIM项目的模式，而IPD模式则是一种较为理想化的项目模式。

除此之外，CM@R（Construction Management at Risk）模式、Partnering模式、EPC（Engineering Procurement Construction）模式等都是BIM项目可考虑的建设工程项目采购/交付模式。无论何种模式，突破传统模式下设计、施工、运营维护的串联式过程，加强项目参与各方的协作，都是有利于BIM业务的开展并利于BIM发挥更大价值的。

第四章　BIM 建筑方案设计

第一节　BIM 在建筑方案设计流程中的优化

　　一般的建筑设计包括建筑方案设计、初步设计和扩大初步设计、施工图设计这几大部分。建筑方案设计是其中第一个环节，是设计环节中最基础、最复杂的环节，基础性是因为它奠基工程的表现基调与方向，复杂性是因为要考虑的因素方方面面：场地环境、气候环境、业主要求、合理空间、功能使用、技术可行、造价经济、建筑规范、政府规定等，还要具有美学表现功底。

　　关于建筑方案设计的过程，众多专家与学术专著中的表述不一，观点兼具。随着现代信息技术，特别是 BIM 技术应用的不断前移与深入，建筑方案设计的流程也在不断地改革与深入。通过学习研究与实践，基于 BIM 技术建筑方案设计的流程有两个方面的特点：一是"纵向与横向"，二是"前置与深入"。因 BIM 技术下渗入建筑方案设计流程，其"纵向与横向"的复杂性可顺畅快捷地得以理顺与化解，也因 BIM 技术的渗入，在建筑方案设计流程以后的有关环节可提前实施，也有的可进一步深入，"前置与深入"让整个的"建筑流程"更为优化。

一、建筑方案设计流程的"纵向与横向"把握

　　建筑方案设计过程是一个复杂的过程。它既有纵向的环节，又有横向的结构；它既表现为一个时间段内的任务进程，又表现在同一阶段中呈现出"问题—分析—评判—沟通—决策—修改……"反反复复的横向枝节。因此理清与把握其复杂而有序的"纵横兼顾"特点非常重要，特别是能借助 BIM 技术特点，更能顺畅而高效。

（一）完善建筑方案设计流程纵向环节

　　建筑方案设计有一个纵向性的流程，由几个重要环节组成。这里认为其主要纵向环节可以分以下几个阶段："任务分析阶段""方案形成阶段""方案确定阶段""方案深化阶段""方案表达阶段"。其纵向环节流程如图 4-1，体现了建筑方案设计的纵向流程。这几个环节既有流程顺序，又是相互制约、相互交叉、相互影响的。

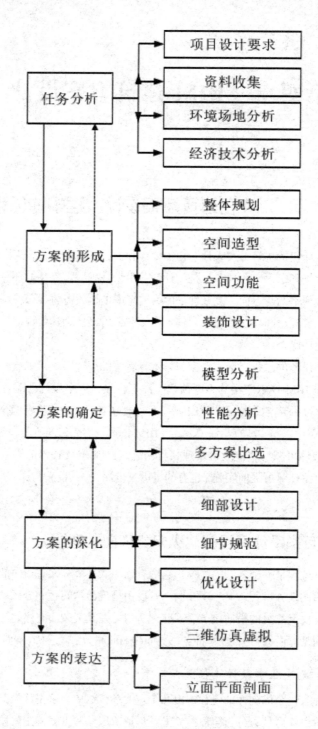

图 4-1 建筑方案设计的纵向流程

1. 任务分析

这一部分的主要纵向环节是：把握工程项目要求、环境分析、场地分析、经济技术分析等。

把握工程项目要求。主要把握建筑的风格与表现、经济与层次、工期与结构，还特别要把握"形式表现""功能要求"之间关系，可以通过调查、沟通后把相关数据输入 BIM 软件中，为以后的建模所用，如图 4-2，4-3。

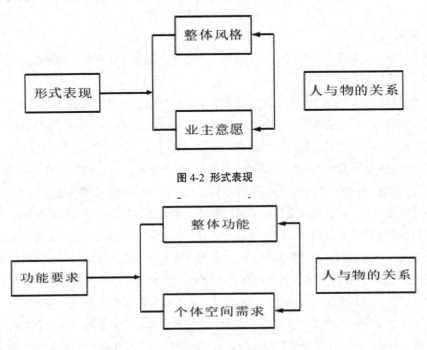

图 4-2 形式表现

图 4-3 功能要求

环境与场地分析，主要包括气象环境、地块环境和人文环境。其详细的分析内容及应用的主要分析方法见表 4-1：

表 4-1 环境场地分析细目

环境场地项目	具体细目	主要分析方式
气象环境	气候条件，日照特点，雨水状况，风力风速	1. 实地调研与考察 2. 资料搜集与研究 3. 业主了解与沟通 4. 借助先进的信息技术分析（包括 BIM）
地块环境	地形地貌、地质状况、周边建筑与方向、道路分布、市政设施、环保状况	
人文环境	城市特点与规模、民间风俗与特色、政策层面要求（建筑高度、容积率、绿化率、停车量等）	

特别提出设计者要善用现代信息技术进行分析。如用软件根据计算流体动力学的日照分析：

东、西晒问题；场地的全荫区、全日照区；风玫瑰图分析夏季风和冬季风的特征。在此基础上，判断设计方案的朝向、布局和出入口等相关内容的合理性，通过 BIM 相关软件接口进行后续环节的深入优化分析。

经济技术因素分析方面，业主的经济投入决定了所设计建筑的"实际经济条件"与"相匹配的技术水平"，也决定了建筑结构形式、风格确定、档层次分析、材料选择以及设备采用的因素。但设计的设计思路也可以影响经济投入。设计结果是设计者与投入者的分析与平衡的结果。

2. 方案形成

这一部分的主要纵向环节是：整体规划、概念模型建立（可多方案比较选择）、空间功能设计、装饰初步设计等

整体规划就是指建筑布局的确定，是在前期分析与业主沟通的结果，是设计师与设计团队的经验表达。具体操作可利用 BIM—Revit 三维软件，结合 GIS 技术，建立场地模型。

概念模型建立是建筑方案设计最具有"设计分量"的一个环节。美术功底决定了风格的创意与确定，建筑力学水平制约了设计者的灵感活跃思维。一般过程是"由简到细""由草到精"的演化，在技术上是从"手工"到软件操作（BIM）的转变过程。设计切入点不一：可由环境特点切入，根据场地条件借势造势的概念方案设计案例。也可由功能切入，也可由业主细目要求切入等。因而，同一项目必然会有侧重点不同的诸多设计方案。多方案设计与比选是一种传统而又非常实用的方法，是团队智慧的体现，更是与业主沟通的必备程序。现今，基于 BIM 技术的参数化和可视化功能，为项目参与方提供了直观模型以及相关的分析参数，多方案设计与比选已经不再是大工作量的麻烦事了。

空间功能设计。是模型建立基础上的进一步完善，是对建筑功能与每一个空间功能要求的把握与转化，把"文书要求"转化为"形象再现"，借用 BIM 的可视化则方便快捷。空间功能的设计也可能会影响到建立模型的修改。大体内容见表 4—2。

表 4-2 BIM 技术下的空间设计

	设计内容	技术手段
格化设计	业主空间功能与大小的要求把握、空间的合理布局等。	可借助 BIM 设计，参数化、可视化地进行平面、剖面设计和体型与立面设计
构造设计	构造材料与方式：基础、墙体、楼地层、楼梯、屋顶、门窗等。	

装饰设计主要是室内外的初步装饰，进一步体现建筑的风格与功能特点，是与业主沟通的可显示内容，也是影响业主或是招投标的重要因素之一。BIM 在装饰设计上具有可视化与数据共享的强大功能。因此这里认为在建筑方案设计过程中就可借鉴 BIM 的三维建模、可视化观察和参数化分析等技术深化细化设计。

3.方案确定

这一部分的主要纵向环节是：模型常数分析、性能分析等。这一分析环节中可真正体现 BIM 操作平台多接口多软件数据共享特点。

模型常数分析方面，主要基于 BIM 平台中如 Revit 等软件建立的三维体量模型，结合模型和可视化和参数化特性，对面积、体型系数、容积率、建筑密度、造价与工期等各方面进行分析。

性能分析方面，主要基于 BIM 平台中如 CFD 等仿真分析软件创建建筑物的实体模型，通过风环境、日照环境等参数设置，进行主要分析建筑的通风、日照、能耗、采光特点等。可利用软件。

4.方案深化

这一部分的主要纵向环节是：细部的设计、细节的规范、局部优化的修改等。部分学者认为是在建筑方案设计以后的内容。在最初的模型建立基础上就注意各方面的细节，哪怕是考虑到建筑施工的方便等，也是设计专业人员职业素质和全面细致工作作风的体现，且在 BIM 技术下完全是可行的。

细部设计。主要是两个部分：一是结构方面：主要是在建筑模型中做好面积、层高、墙体、楼板，及门、窗、柱、廊，和出入口等结构方面的细节设计，二是装饰方面：结合周围环境特点、建筑结构特点和功能要求等相关内容进行建筑外观造型、色彩等方面的细节设计。

细节规范。设计师应当熟悉各种相关规范，特别是消防、安全、行业要求等方面。所以在建筑方案设计阶段，要特别重视这方面的规则，并在方案的完善阶段进一步细化。

优化设计。可利用 BIM 的可视化效果，让设计者、业主进入到模型内部进行仿真巡游，观察与发现在内部结构、装饰美观、功能关系等方面存在的问题，并进行优化处理。

5.方案表达

这一部分的主要纵向环节是：平面剖面立面图纸质呈现、三维仿真虚拟动画演示。

平面剖面立面图纸式呈现，主要基于 BIM 中相关软件具有可出图性。出具建筑方案平面剖面立面纸质图，是法律效力要求，是存档与招标的需要，也是施工阶段的必备。

三维仿真虚拟动画演示。利用 BIM 动画仿真演示，可录制为 AVI 等媒体格式存放，这是在重要场合进行设计成果直观和全方位动态展示的最好方式。

（二）理顺建筑方案设计流程的横向结构

建筑方案设计的过程并不是一个大环节完成转入到另一个大环节的单向流程，也不是一个小环节完成后转入另一个小环节的单向流程。它是一个有纵向也有横向的交叉、反复、有时会逆行的流程。它每一个纵向环节中还有复杂而有序的横向结构，但渗入 BIM 技术的"横向结构"已经不再厌烦而复杂了。

1. 大环节流程中的横向结构

这里认为建筑方案设计中五个流程（"任务分析阶段""方案形成阶段""方案确定阶段""方案深化阶段""方案表达阶段"）不单是随着时间发展纵向形式的流程，而是一个相互影响、相互制约的横向结构。一方面是人员之间的影响，设计师、设计团队、业主的理念、能力、经验，及沟通方式与顺畅程度；另一方面各阶段之间的顺势影响、交叉影响、逆行影响。

2. 小环节流程中的横向结构

方案设计的各流程下属的每一环节之间也存在复杂而有序的横向结构。任务分析环节的横向结构。这一环节经"要求问题导向""业主沟通影响""团队协调共享"的形式贯穿。工程要求会贯穿到整个设计的过程，它会影响环境场地的分析，它会影响到经济技术的分析。同样，环境场地条件也会影响业主的工程要求，甚至影响到经济投入的方式与标准。

方案形成环节的横向结构。这一环节相当重要且工作量巨大，一方案、二方案、三方案；一改、二改、三改，来来回回，推翻、建立，步骤反反复复，不断进化。原因就是因为这一过程不是一个简单的流程，而是一个在横向上相互交叉的复杂过程。一方面是因为人员理念、能力之间的碰撞，另一方面是沟通形式的效果。这一阶段利用 BIM 技术的可协同和参数化特性，能有利于发现问题和方案的比选。沟通中利用 BIM 真实再现功能，能顺畅交流，合作中利用 BIM 数据共享功能，易达成共识。

其他环节也同样横向呈现，复杂而有序。在方案确定中，模型常数分析、性能分析会影响到建筑的功能与业主的要求，影响到方案的修改；在方案的深化阶段，细节部分的设计与规范是相互制约的，优化设计的装饰优化与构件优化也会影响到细节的处理，影响到其他大环节，甚至影响到施工阶段。

3. 基于 BIM 技术可简化横向结构

这里在实践中体会到，在设计方案流程的"横向结构"中渗入 BIM 技术，可以很顺利明晰流程理顺关系，更迅速快捷地达到设计要求。

横向结构是由人与人的联系、人与流程的联系、环节与环节之间的联系形成。人与人之间的联系，可以基于 BIM 的可视性与数据共享而顺利交流与合作。人与流程的关系可以利用 BIM 的参数化设计，让设计与分析更为科学方便。环节与环节之间的联系更可借助信息技术数据交互共享，让修改更为快捷而简单。

二、建筑方案设计流程的"前置与深入"优化

非 BIM 参与下的建筑方案设计重点在"整体规划、外观模型、装饰观面"的设计上，与基于 BIM 的建筑方案设计流程相比，具有"细规划、粗呈现，重观面"的特点。其主要原因是在无先进技术支撑下，方案设计只能基于手绘与 CAD 等绘图软件进行，不太可能投入更大的人力与时间去细化优化。

这里通过研究与实践，已经深深地感受到了，BIM技术不仅给建筑行业带来了技术革命，更是对传统建筑理念的冲击与创新。就建筑方案设计这一环节来说，BIM可改进传统意义上的流程，借助先进技术可对建筑流程环节进行"后期前置"与"深化优化"，也就是说可以把以后的建筑环节提前到建筑方案设计流程中实施。

（一）多方案比选的分化

多方案比选是最传统也是最有效的设计过程之一。在建筑方案设计过程中的每一个节点都可以利用BIM技术的各种优势，团队成员可设计多个备用方案，以便团内讨论、团外沟通。多方案比选的分化就是指"多点植入"与"多样设计"。

"多点植入"。BIM技术下，除了特别重要的"建立概念模型"要多个方案以外，在其他环节也可分化植入"多方案比选"环节。如整体阶段，可设计多个"场地规划模型"；在空间功能设计阶段，也可备选"空间的功能分区""空间的功能关系方案"；在室内装饰设计上，更可以发挥设计团队内的设计能力，极尽创新，多方案呈现。

"多样设计"。传统的设计以一般二个或者三个备选。但在BIM技术下，在团队设计力量与设计能力为支撑下，可以便捷的改动方案部分内容，形成三个以上的多个方案，并以渲染效果化提交。

（二）常数性能分析的深入

常数分析，特别是造价预算等常数的分析，以及通风、日照、能耗等性质的分析，利用BIM多软件协作、多接口共享的功能，可以更深入形象地分析参数，并以形象化的图案呈现。其分析的深入性无疑会影响到模型的设计，功能的定位，更会影响到以后的施工，所以"分析深入"在建筑方案设计之初很重要，其BIM技术下的可行性也是显而易见的。

（三）深化优化设计的前置

一般地，传统意义上的深化设计是在建筑方案设计以后的环节，基本上也是在初步设计、扩大初步设计后，主要在施工图设计阶段进行。在这里实践中，发现将设计方案环节中安排部分内容提前进行"深化优化设计"，在BIM参数化、可视化等技术的支持下，其实践中体现的改进效益也证明了"前置"的必要性。

深化优化主要是三个方面的内容：一是功能关系，就是各空间的关系，可以在BIM可视效果下进入体验并修改；二是装饰方面，对材质与呈现的效果在BIM可视化技术下更可深化设计与体验修改；三是建筑节点方面，楼梯、墙面、窗口、幕墙安装，特别创新设计的首例建筑细节处，都可基于BIM的三维建模操作进行部分的深化与优化，如后续第四章中的格栅优化和平转弧玻璃优化等内容。

（四）三维仿真动画的增强

三维功能在非BIM的软件中也能实施。但与BIM的真实效果相比有一定差距。BIM

的可视化效果已达到了"三维仿真动画"的效果，其虚拟的动画展示的场景立体感强，清晰度高，可转化为 AVI 格式方便传输携带，促进了项目各参与方之间的交流。

总之，BIM 先进快捷的运算能力与数据无缝共享的特性，把"环节前置"、让"设计深入"，从整个项目建设全周期看来，这不仅不会增加设计工作量，而且会带来沟通与交流、分析与修改、优化与创新的便捷，不仅能收到经济效益，更能提高设计团队、施工团队的合作能力。

第二节　BIM 在建筑方案设计流程中的应用

建筑信息模型其基本特征主要有多软件兼容三点：一是，以"BIM 核心建模软件"，接口兼容了很多 BIM 方案设计与分析软件；二是模型数据处理：具有强大数据处理能力，突出表现为参数化、可视化、协同等特性，具有对项目的高级分析与管理能力；三是建筑全生命周期管理：应用到建筑上可从设计、施工、工程建设管理、建筑物日常运营，甚至到拆除的全过程。

一、建筑方案设计流程对技术的"功能需求"

现代信息技术的发展，对建筑方案设计已经不再停留在传统意义上手绘图、二维图等技术要求了，需要的是先进"数据信息功能"的支撑。建筑方案设计过程对技术的总功能需求是：方案设计中要有综合多元信息；团队之间、软件之间要能互通信息方便，协同性好；能兼容各类分析软件，兼容性能好；能易修改，一处修改后能自动关联修改，自动变更管理；表达效果好，既能出二维图纸，又能三维仿真展示，易沟通能。

下面就从"非 BIM 技术的局限性"与"BIM 技术的优势"两个方面来针对性地谈谈建筑方案设计流程中的技术需求。

（一）传统技术针对"功能需求"的局限性

现今，CAD，ADT，Sketchup，Autodesk 3ds max 等传统技术在建筑方案设计阶段应用还是比较广泛，但它们在方案设计流程中有很大的局限性，具体表现在：1. 参与的环节受限制，主要应用点还是集中在绘图功能上，在建模的时候运用到；2. 功能上数据共享性差，因为没有建立全面的"数据信息模型"，并且在多软件的数据接口共享方面存在多标准多模块形式，所以不能做到软件与软件、人与人的数据交流与共享，在使用、传递、共享、修改等方面的工作量比较大，易造成错误；3. 展示功能较差，模型主要集中于立体显示，缺少强大的逼真动画漫游展示功能，并且由于没有"数据信息模型"的支持，无法进行碰撞检查等优化设计。

（二）BIM技术针对"功能需求"的优势

1.在建筑方案设计阶段就介入BIM技术，基于其参数化、可视化、协同性、可出图性、模拟分析等功能具有以下四点有利因素：（1）有利于与业主等项目各参与方的沟通；（2）有利于团队设计阶段的合作与信息交流，并方便修改；（3）有利于进入政府招标投标程序中的展示；（4）有利于为施工阶段排除设计障碍。

2.BIM在建筑方案设计过程中的具体优势有：

（1）参数化功能附加了多元信息。参数化设计是BIM理论的核心内容，这是在建立的3D模型中附加上各类参数，软件中以距离、角度以及"附属于""平行于""偏移量"等术语描述其间的逻辑关系。所植入的规范性、限制性的参数可以废止、提醒不合格设计。参数化的最大功能是在"形体设计"见付"数据信息"，所以建筑形体修改，其数据与逻辑关系随之自动修改，相关联图也会自动修改。所以在建筑方案设计阶段就应用BIM技术，团队之间可以信息互用共享，还可以方便修改，并自动无错误快速生成新的模型。这样的功能在建立数据模型环节、深化优化设计与修改环节中能得心应手地应用。

（2）可视化功能易沟通展示。BIM技术下设计人员可以创造"所见所想即所得"的虚拟建筑模型，可以以动画、漫游、虚拟真实方式直观逼真展示。这样的功能应用到建筑设计方案中，方便与业主及团队之间的沟通，有效地帮助与施工方进行讨论与合作，特别是在招标投标等重要场合可以清晰地展示。

（3）协同性功能让合作效益显著。参数化、共享性是协同性基础。在建筑方案设计阶段，在多方案设计、团队合作时，信息可以共享合作；在不同类型的设计时，如场地规划、墙体设计、幕墙设计、水电、消防等多工种之间也可以利用模型进行协同设计与修改。而传统的设计手段会存在数据不能共享问题，单方处理可能造成数据对接误差及人力浪费。

（4）可出图性功能方便实用。纸质图纸是建筑方案设计阶段最基本的成果。在BIM数据模型中，"形体模型"与"数据信息"自动对应与生成，并立体呈现。在需要图纸时软件根据需求生成平面、剖面、立面、不同角度、不同部位和不同应用的各类图纸。

（5）模拟分析功能可提前纠错。"模拟呈现"和"自动分析"，这两个功能在传统的设计软件中是不可能一起完成的，传统的CAD图纸无模拟和分析功能，借用其他分析软件也无接口，易产生误差。而BIM模型却对此轻车熟路。在建筑方案设计阶段，通过一些常规数据的收集整理，导入到BIM的模拟分析软件中进行三维画面模拟，并对风光、能耗、经济概算等进行量化分析，并基于此对模型进行评价和优化建议。所以模拟分析如不在建筑方案设计阶段进行，可能会造成以后流程的困难，甚至会有更大的损失。

总之，现代技术发达的今天，建筑方案设计流程已经在强烈呼唤先进技术的介入参与，在建筑方案设计过程中的"BIM"时代正逐渐来临。

二、BIM 对建筑方案设计流程的"技术支持"

（一）BIM 建筑信息模型的软件体系

BIM 建筑信息模型的软件体系是以"核心建模"软件为中心，集成了多类型、多功能的软件，具有完善的软件体系。

BIM 总体的软件大致有：方案与造型设计 Scketup，vasari，Rhino 等；建筑设计 Revit CAD，Bentley，Archi CAD 等；结构分析 Robot，PKPM，JYK，Catia 等；管道设计 Magi CAD，Revit MEP 等；施工模拟 Bentley，Navis works 等；能耗分析 Ecotec，Energy Plus 等；负荷分析鸿业等；模型检查 Solibri 等；成本核算 Vico，广联达、鲁班等；三维可视化与动画渲染 3DSMAX，Navis works 等；四维施工模拟 Bentley，Navis works 等；GIS 定点监测 Tremble 等；工程基础信息平台 ProjectWise，Buzzsaw，Vault 等。

（二）BIM 在建筑方案设计中可使用的软件分类

建筑方案设计阶段所应用的 BIM 软件可分为"BIM 核心建模软件"和"协同设计软件（基于 BIM 模型）"两大块。

1.BIM 核心建模软件。

建筑方案设计阶段主要任务是"创建建筑信息模型"，以团队协作设计方式进行，这一阶段涉及建筑、结构、机电等几大块的方案设计所需的相关软件；也需要由建筑师、土木工程师、设备工程师等的多方设计师参与项目建设。国际上的主要软件开发公司与软件。

2.协同设计软件

基于 BIM 的协同设计软件一般有二维绘图软件、概念体块推敲软件、可视化软件及分析软件。（1）二维绘图软件，方案设计时可作为辅助用，如 CAD 等；（2）概念体块推敲软件，在这一阶段 SketchUp，Rhinoceros，Grasshopper 等常与 BIM 建模软件组合运用；（3）可视化软件，3DsMax，Lidhtscape，Accurender 等可与 BIM 建模软件进行数据交换，在方案设计中展示并高效实现可视化功能。（4）分析软件，建筑方案设计阶段常用的环境分析软件 Ecotect，Green Building Studio，声学分析软件 Adobe Audition，人流交通分析软件 Transcad 等；（5）初期的测绘辅助有 GIS 定点监测 Tremble 等。

总之，BIM 技术软件完全可以支撑建筑方案设计过程中的"功能面"需求。

三、BIM 在建筑方案设计流程的"应用点"

这里在上面分别侧重研究分析了在建筑方案设计流程对 BIM 技术的"功能需求"和 BIM 对建筑方案设计流程的"技术支撑"，下面主要分析研究 BIM 技术在建筑方案设计流程中的应用点。

（一）BIM 技术在建筑方案设计流程中"应用点"

在建筑方案设计环节使用 BIM，其软件结合点是智者见智，仁者见仁，与个人对软件的熟悉以及使用的熟练程度有关。这里经过研究与分析，"软件结合点"的表示，

（二）BIM 技术"应用点"例谈

1. 数据收集中的 BIM 与 GIS 集成应用

BIM 与 GIS 集成运用，可将基于"数据的项目要求"转化成基于几何形体的"模型信息"。BIM 与 GIS 集成运用的关键是数据的转换与集成的实现，因为 IFC 与 Cit GML 在数据表达上的方式和内容有异同如表 4-3。

表 4-3　IFC 与 Cit GML 数据表达异同对比

方面	City GML	IFC
几何表达	边界描述	边界描述、拉伸或旋转形成的扫描体、构造实体几何
语义信息	多层级的语义信息分类	大量的建筑细节描述，以及不同构件间的空间关系
模型外观表现尺度	各 LOD 层级都有纹理特征大范围的呈现	纹理较少，以材质呈现为主单个建筑或实体的呈现

2. 创建体量模型中的 BIM 精确化应用

在创建数据模型可用传统的高效的三维软件 Scketup，Rhino，Vasari，Form Z，它们的应用优势是"快速生成形体，并保持设计的连续性"。在 BIM 中应用 Revit Architecture，Archi CAD 这些 BIM 软件可以创建概念体量模型。下面简述利用 BIM 技术精确化创建游泳馆幕墙三维模型的步骤：

（1）空间曲面创建。方式是以"点"——"线"——"面"的过程进行设计与创建：1600 多个坐标点——精确形成三维曲线——生成空间曲面。

（2）曲面分区优化。曲面以水平方向中轴镜像，根据曲面形体，将之分为 a、b、c、d 四个区域。

（3）纵向的网格以平行于水平面的方式划分。

（4）绘制生成 BIM 数据化模型。

3. BIM 模型设计参数化的实现

BIM 模型设计参数化的实现主要包括 BIM 参数化设计模型和 BIM 参数化设计构件两个方面。

在 BIM 参数化设计模型方面，爱尔兰英杰华体育场就是利用参数化优势，轻松设计了波浪流线型的屋顶。

其波浪形顶部设计的实现也只有在 BIM 参数化控制功能下成为可能。首先是创造控制曲线的图形操作系统。其方法是先建立参数数据、静态几何体、GC 脚件，再对应着从原始犀牛模型中提取的"表面控制点位置"，并以 Excel 存储，再输进 GC 中，方案组创造出一个基于控制曲线的图形操作系统，以便轻松控制模型整体形状。其次是完善原始模型，定义外层结构的几何定义出发点，平面定位于参数化控制的路径曲线和体育场径向结构网格的交点，结构支架定义在每对平面之间。这样可根据需要提取并转换成二维截面图。

在同一个模型中，建筑师负责表皮和建筑形态设计，而结构工程师则在这个模型上面对结构构件尺寸和位置进行调整。这时所有参数的调整、模型的信息都存储在一个 Excel 表格里。结构工程师只需将调整好的数据输入，建筑师所使用的模型就会及时得到更新。同时，幕墙顾问公司和建筑师通过统一的建筑模型进行研究，分析实际建造中有关幕墙板材尺寸的问题，并在 Solid Work 中以原模型的结构中心线作为基础，建立更为细致的幕墙节点模型，并再次对幕墙设计进行优化。正是通过对参数模型的分析，计算出体育场幕墙最小厚度不是设计时选择的 8mm 厚聚碳酸酯板，而可以采用 3mm 厚聚碳酸酯板代替，这样整体屋顶材料的质量可以从 200t 减少到 80t，从而使材料的造价成本降低到原来的 60%。通过应用参数化设计及 BIM 技术，体育场项目最终节约了约 350 万美金。

通过建立 BIM 模型，还可以对体育场进行能源分析，进而实现节能、建设环境友好型体育场馆的设计目标。对于分工明确的国外事务所来说，通过参数信息化模型可以更好促进跨公司间的合作，这也是 BIM 技术加快设计、协调合作的一个原因。在整个模型的设计过程中，建筑师起到统领整个设计过程的作用。建成的建筑信息模型除了具备整个建筑的全部信息，在施工阶段有关建筑立面板材加工和定位都可以在此信息模型中进行修改，大大节约了现场加工的人力与物力成本。

在 BIM 参数化设计构件方面，Revit 族在建模中带来很多优势。Revit 也可对构件进行属性设置选定材质，并且每一根构件都有明细表，包括了材料、构建尺寸、成本等所有相关信息。

因此利用 BIM 技术，把工程构件分解，可定型进行构件生产。首先要做的是建立"构件库"，如可建立"建材库""预制构件库"，并对每个构件的信息标准化完善：编号、大小、材质、位置等。这样深化设计的数据模型可以提取、生成材料清单，保证用料用材的精确化，提高施工的精准度，后期建设可节约大量材料成本与人工成本。

4．性能分析软件功能

性能分析软件功能主要包括模型的实用性能分析和模型建筑性能分析两个方面：在模型的实用性能分析方面，可持续或绿色设计分析软件主要包括：Ecotech，IES，Green Building Studio，PKPM，GBS，CFD，Riuska，Adobe Audition，Franscad 等。对建筑的日照、采光、风环境、声学、能耗、人流交互等进行分析。

性能化分析之间是相互制约的，BIM 的优势所在正是这些相互联系的关系。

5.BIM 三维仿真模拟的实现

下面从"沟通展示中可视化功能的利用""方案设计中可视化功能的利用""指导施工中可视化功能的利用"这三个方面详谈。

一方面沟通展示中可视化功能的利用。可视化让设计者内部及与业主的沟通更为顺畅。软件 3DS MAX，Navis woks，Light scape，Accurender，Artlantis 进行模型渲染和动画漫游。这些软件如果能与 MR 与 VR，AR 结合运用，效果将十分显著。因为 VR 是纯虚拟影像；AR 是虚拟数字画面加上裸眼看到的现实；MR 是混合技术。MR 可对实现虚拟和现实的无缝连接。BIM 模型数据导入至 Navis woks，可以实现第三人称视角下的模型展示。

第三节　BIM 建筑方案设计过程中的具体应用

一、工程概况

某项目工程在长三角经济圈。项目区位在市金融商务区的核心区内，场地北高南低，高差 2 米，设计使用年限为 50 年。

目前，整个金融商务区正在建设阶段，其商务规划是城市未来城市的中心区，具有突出的区位价值。某项目位于整个商务区核心地块，项目设计要求建筑风格构想突出时尚生活元素，稳重而大气，项目大楼和商务区整体规划遥相呼应，形成一个紧密联系的整体。同时，项目设计应尽量考虑绿色、节能、节水、节材、环保的新理念，设计要达到低成本、高效益的经济要求。

建筑概况：总用地面积 28976.11 ㎡，总建筑面积 376740.2 ㎡，地上面积 281477 ㎡，地下面积 95263.2 ㎡。总工程造价为 97106.488 万元。

主楼用途：高层的主楼为商务办公写字楼，底层为沿街商铺，裙房主要为大楼配套和金融服务。地下二层用途：汽车库、高低压配电间、消防水泵房和水池、自行车库，同时配设 2 个五级人防单元。

基本设施包括：生活给排水系统（采用电开水器提供饮用热水）、排烟与通风系统、电器与通信系统、安全消防系统。

二、BIM 技术收集数据模型

任务分析阶段利用 BIM 的参数化与可视化特性，对工程的要求、环境场地、经济技术等方面分析，为模型体量的设计与建立打好基础，这里主要表述利用 BIM 的可视化特性，根据环境场地等资料研究场地条件建模分析方面的应用。

该项目主要调查勘察以下数据：通过地勘报告、工程水文资料获取中福广场的坐标与周边的地质构造数据，地层、地质的构造，岩土性质、地下水、不良地质等参数；使用电子地图的 GIS 数据获取该广场的地理位置与周边的地形地貌数据，周边地形、建筑属性、朝向、高程、坡度、流域等。得到系列数据后 BIM 与 GIS 和 Auto CAD Civil 3D 相结合利用，生成"三维地形模块"进行模拟分析，建立地质模拟档案。

三、BIM 技术建立数据化集成模型

方案形成阶段是方案设计阶段至关重要的一个环节，是在充分对环境、场地条件分析的基础上，全面规划建筑物的摆布，并创造性地设计体量与造型，并对空间的功能与室内外装饰基调进行定调。这一过程需要建筑师的丰富设计经验，也需要先进的 BIM 设计工具介入利用。

（一）整体规划

"模拟整体规划"就是口头所说的"建筑摆布"。基于 BIM 技术的可视化特性，以前期收集的资料和场地、经济技术等分析数据为基础，结合项目周围的交通道路、植被影响等情况，基本确定建筑布局。

利用 BIM 技术的共享性特点，基于 BIM 的交互设计平台，让多个设计工程师共同参与设计与沟通，以集思广益。针对直观形式的整体规划方案，进而进一步分析建筑可视度、与周边的关系、交通和绿化等情况，以确定更合理的建筑朝向位置和主次出入口设计等，商业部分设置主次入口各一个，主入口位于东南角，次入口位于西南角。办公部分设置主次入口各一个，主入口位于东北角，次入口位于西南角。办公与商业各入口完全分隔，避免各自的人流干扰，以满足该工程的紧张的外部条件和高标准的绿色建筑等要求。

（二）模型建立

1. 确定建筑草图

建筑工程设计师对初步的模型主要依靠经验与灵感。灵感的把握需要时机与即时捕获。因此在草拟模型时，有经验的设计师还是以依靠手绘草图来捕获设计灵感。根据项目设计要求，设计师勾勒的形体草图能较好地体现中福广场的融入金融商务区的方正建筑形态，富于动感的经济"门户"和现代化、高品位的金融商务中心等几点设计思想。

2. 建立体量模型

首先，建立初步设计概念体量模型。传统的手绘不能更精确地利用前期分析的基础数据。该工程利用 3ds Max 和 Revit 软件建立体量模型。

进而对照分析建筑的基本要求，对面积、功能、布局、每一幢间的体量关系等进行分析，利用可视化特性进行三维直观表现，对各个单体建筑体量进行分析和精细化概念设计，生成更合理的概念体量模型。

两个设计概念体量模型步骤只是统筹建筑各个要素与条件基础上的一个概念性模型，

还需要利用 BIM 技术的参数化设计，有效让设计团队内进行视觉感受和数据交流，进行空间形体的生成和调整，以在不违背条件限制情况下进行美化设计，具体为：一是对考虑了下部连接交互设计的体量模型进行形体优化切割；二是在优化切割后的建筑形体上进行了网格划分，便于后续的细化空间设计。至此，概念设计草图的设计内容以具体的三维模型得到了真实清楚地展现。

（三）空间功能设计

空间功能的把握是"概念模型建立"以后一个重要的步骤，它是基于概念体量模型的基础上，进行空间功能的分析、组合和调整过程，需要设计师的整体经验把握，还要基于信息技术的细致分析与仿真模拟，做好两个转化：一是把工程要求中的"非参数关系"转化为"参数关系"，二是把"非位置关系"转化为"位置关系"。该工程利用 BIM 技术的参数化和可视化等特性，主要进行了两个转化的"空间功能分区设计"和"空间交互分区设计"

1. 空间功能分区设计

该工程利用 Revit 建模软件的参数即时显示功能与图形处理功能对项目中的空间功能分区进行了反复的对照检测和修正调整，确定了大体空间功能如下：高层塔楼为办公区，中间为核心筒，周边布置办公空间，进深在十米左右，空间感受较好；裙房的一二层沿街商铺和下沉广场为配套金融和商业网点；二层以上裙房设置餐饮等商业功能。

2. 空间交互分析

把"非位置关系"转化为"位置关系"需要的是设计师的空间想象能力与设计能力。但可以借助 BIM 的可视化功能帮助设计人员内部以及业主之间的交流。该工程建立了 BIM 模型很好地展示了设计者结合项目情况与设计要求的直观效果，以模拟方式进行交流、讨论、修改，并达成了共识。在一层设置独立门厅，沿下沉广场中心圆弧向心布置，由独立门厅通过电梯到达餐饮楼层。设计了一楼为低区电梯厅、二楼为高区电梯厅，每栋楼大厅之间通过自动扶梯相连，缓解超高层建筑一层的竖向交通压力。由于位于 A3# 楼与 A4# 楼之间连接体跨度较大，设计采用了空间管析架结构体系或空间网架结构体系。其他楼宇间连廊在不影响建筑功能的前提下设置若干框架柱以减少跨度。

（四）装饰初步设计

该工程充分利用 BIM 的"仿真渲染"功能，淋漓尽致地表现出项目的颜色与材料质感，帮助设计师与业主共同把思维设计转变成效果设计。展示了建筑的整体外装饰初步设计效果，真实具体地呈现出了设计成果，从而能够帮助设计师真实地置身整体模型中进行体验和修改，并与业主等参与方也进行着有效的沟通。

四、BIM 技术（数据化模型分析）

该项目概念模型建立后,基于 BIM 多接口分析软件对模型的面积、体形系数、建筑密度、容积率等方面进行了参数分析，还对其交通流线、景观绿化流线、通风、日照、能耗等方面的性能分析，并在 BIM 技术下进行修改，最终确定了建筑的设计方案。

（一）模型常数

该工程在 Revit 模型的支持下，运用多接口特性，通过输入有关参数的大工量模式，对模型的相关常数如面积、体形系数、建筑密度、容积率等方面进行了数据交换处理和分析，以保证项目的指标能够满足建设要求。

此外，基于 BIM 技术，本项目设计考虑建筑造型、功能空间与景观相融合的构思方式，内外空间都设计绿色景观。03—10 公共绿地附近作为景观中心，03—12，03—13 地块之间南北向道路和 03—09，03—11 地块之间南北向道路定义为景观步行道路。建筑内部，采用中庭绿化种植模式，构成立体的绿化空间；建筑立面，采用空中花园的方式布置景观绿化，不仅可以开阔办公空间的视线范围，为立面创造丰富的变化元素，还可以创造良好的通风换气条件；屋顶空间，绿化的种植与景观的设计相结合模式，形成由上而下的立体空间景观。

该工程是商业综合体，交通流线是核心内容之一对其分析也十分重视。利用 BIM 立体呈现模式，在模型基础上根据人员密度与对将来车流的预测，在全面分析的基础上确定了交通流线方案：城北路不布置出入口；基地西侧公园东路有地下环形出口不设置出入口；横一路为双向车道，较适宜布置出入口人行流线呈现多元化趋势，以商业和办公人流为主，由环状，南北向，东西向三股组成。

考虑到项目的商务与办公楼一体化的功能设计，车流量较大，故结合 Revit 模型的可视化性能进行停车分析，项目 A1 ~ A4 号楼均布置为项目的地下停车场，提供大量的停车位，并在商博路与福田路设置了 4 个地下车库出入口。充分满足该广场甚至是周围金融商务圈的停车需要，缓解停车压力。

（二）模型性能

近年来，由于建筑物四周气流风场所带来的环境问题开始渐渐引起重视。影响建筑物四周气流形态及速度的因素相当多，它包括有风向、风速、建筑物本身的体量、几何外形以及邻近的建筑群等。调查统计显示：在建筑周围行人区，若平均风速 v>5m/s 的出现频率小于 10%，即可认为建筑周围行人区是舒适的。过高的风速造成人行活动的不舒适、尘土纸屑飞扬或雪堆积等问题。因而，需要对建筑室外风环境做出评价，并在风环境恶劣的区域给出可能的解决办法。

计算流体力学（CFD）法因其快速简便、准确有效、成本较低等优点在越来越多的在工程问题得到使用，并逐渐成为有效的处理工程问题的手段，CFD 中的有限容积法可以针对建筑项目周边的气温、气体流动力场、水汽的分布等进行模拟分析。采集项目地址的气象条件作为 BIM 建模基础的数据：当地气候数据，全年市区日照时数，降水量，平均气温，实地风速度、光环境数据、气流状态、地温地热等；并要考虑人为环境数据，出入口的分布、人与车流动线路、通道与房屋结构、能耗与排放等。综合以上数据，利用 CFD 技术对数据进行建模分析。

首先，根据提供的相关参数利用建模软件 ANSYS work bench DM 软件建立模型，并建立外流域模型，外流域长宽高为建筑物的十倍。

进而，利用网格划分软件 ANSYS work bench meshing，在高级尺寸控制函数中选择基于曲率和临近单元的网格划分方法，整体相关度为 100。

在计算设置中，计算采用压力基求解器，瞬态计算，考虑中立的影响，选择标准 k—e 的黏性方程和准壁面函数处理。考虑天气对太阳辐射的影响设置太阳辐射的参数。边界条件的设置，根据风向设置入口速度和出口。跟累年各月平均风速及主导风向得出的基准高度处（10m）处常年平均风速和风向，设定了两种气象工况。求解方法里面，压力速度祸合采用 SIMPLE 算法，离散方法采用精度更高的二阶迎风格式。

建筑群的最高风速出现在迎风面建筑的内侧边角，平均风速达到 2.7m/s。住宅建筑周边人行区域流场分布均匀，基本无涡流形成，风速基本在 2.5m/s 以内，整体通风状况良好，在舒适度要求范围之内，满足绿色建筑标准要求。

建筑群的东南面风压大约为 2Pa ~ 3.5Pa，最大风压分布在建筑群迎风面第一排建筑的东南方向外围，约为 3.5Pa。最小风压分布在建筑内侧拐角，约为—4.5Pa。在东南偏南风场下，受到两侧风压的影响，建筑外部压力维持在—4.5Pa ~ 3.5Pa 之间，建筑中部在夏季非空调时段也能获得较好的自然通风能力，虽然建筑中部在夏季非空调时段的自然通风较弱，但从整体来看，可营造一个良好的通风环境。

建筑群的平均风速在 1.7m/s 左右，住宅建筑周边人行区域流场分布均匀，基本无涡流形成，风速最高在 2.3m/s 以内，整体通风状况良好，舒适度要求范围之内。建筑群的东北面风压大约为 1.5Pa ~ 2.5Pa，最大风压分布在建筑群迎风面第一排建筑的东南方向外围，约为 2.5Pa。建筑群内部较小的压力梯度变化，从而使得该项目在冬季东北偏东向风场下有一个良好的室外风环境。建筑中部在夏季非空调时段的自然通风较弱，但从整体来看，可营造一个良好的通风环境。

五、BIM 技术下"后期前置"的实际应用

传统的方案深化设计是在初步设计后进行。在实践探索中认为在 BIM 技术下，利用可视化强与修改性好的特性，方案的深化完全可以提前，以把可能会出现的问题提前处理与解决，这样可以让方案更加完善。该工程方案深化主要可以做以下工作：

（一）细化处理，构建真实建筑模型

该工程 BIM 模型体现的是真实建筑的构建，在其创建过程中，大致分为以下阶段：

1. 项目楼层标高和轴网设置

在 Revit 软件的项目树状图中新建一个楼层，首先在弹出的对话框中，输入楼层的名称、标高、层高。其次设置好"楼层的水平面"和"切平面"的设置。让屋顶、幕墙、墙体、柱子、梁平面图更优的显示。

2. 墙体、板、梁、柱的构建

在 BIM 软件里，墙体内包含了与模型相关的参数与信息。因此在"墙体设置对话框"内可以设置平面图中线型、构造以及在三维模式下的形状和材质等参数。

在 Revit 中，模型中的板都由板工具构建，使用设置对话框中平面图和剖面面板的弹出选项，设置每一部分的属性。广场的楼板采用了简单精确的绘制方法，对细节部分运用了"实体剪切功能"，对所要修改地方剪切，有对具体要求的地方进行单独编辑。

梁柱的构建利用了 Revit 中"梁"和"柱"工具功能，根据本工程的梁柱都以矩形为主的特点，很好地处理了将柱子和梁连接在一起时存在优先级的问题，保持了梁柱的完整性，清晰地表现出了墙柱三维视图。

3. 门窗、楼梯的构建

中福广场工程利用了 Revit 的真实模拟功能，门和窗的外观和性能始终放在墙中真实再现。使用门窗设置中的控制项，很方便地设计了复杂得多类型（如多边形、倾斜性）的门。设置可以根据需求自由的定义门大小、材质、样式以及符号表达等，以得到可视化的效果。

Revit 软件在楼梯设置中显示了强大的设计、调节与再现功能。先用编辑楼板边界的方式创建楼梯洞口，在"楼梯计算器"选项中勾选"使用楼梯计算器进行坡度计算"，再输入相关参数就完成了楼梯设置，在系列参数输入后可以呈现三维立体效果图。

整个项目的 Revit 三维结构模型完整展现了项目从基底一直到顶层的结构模型。

（二）优化处理，增强模型美观实用性

该工程在建筑方案设计的后期重视了方案的优化处理，主要是依赖 BIM 强大的参数化技术和可视化技术等功能。认为离开了 BIM，把深化优化设计提前到方案设计的最初阶段工作量很大。在这一工程的实践中，我们利用技术优势，一方面是美观处理：通过"进入内部模拟可视化"功能，结合对象的属性和材质等修改完善，美化了建筑设计方案；另一方面有效处理：提前完善后期施工的建筑各项物理信息，对有可能出现的不利因素和风险采取有效的防范措施。

1. 美观处理

基于 Revit 三维模型，通过实时观察项目的结构、装饰能效果，通过软件图形界面控制体系，访问和修改对象的属性、材质等，甚至是结合前一节的细化模型建立，可以达到

按照设计者的思路想法，实时、方便、反复地对 Revit 三维模型进行造型美化处理。通过不断深入优化后的中福广场立面效果图，形体简洁、明朗，并呼应了周围环境。立面外窗设计选用灰蓝色 low—E 玻璃幕墙，外立面凹凸有序的立面线条，简洁大方的体块对比手法，使外立面形成丰富的光影效果，立面更加丰富，避免以往办公楼封闭、内向的感觉，整体造型具有易识别性。玻璃幕墙以灰蓝色色彩为主调，整栋楼轻盈通透，具有了商务楼独特的现代感。

2. 有效处理

基于 BIM 的参数化和可视化技术，建筑师通过检查模型的建模相关参数、整体模型设计和细部构造连接等方面，可以对模型进行深入的优化设计，为后期的施工提供指导，对项目的成本、进度等指标均有提升。下面就以中福广场项目的"幕墙优化"为例。

半隐框幕墙节点设计图，红框所框选的转接件是原设计，但 BIM 模型中，我们发现此转接件可以通过幕墙玻璃嵌板的位置向立柱靠近而省略，通过 BIM 参数化统计显示，在转接件明细表中，该转接件仅在 A1# 楼就有 11915 根，长度约 15625m，重约 3.4 吨，可节省材料费仅 6 万元。

设计图转角处的玻璃幕墙为平转弧玻璃，这种玻璃对加工工艺的要求高，所以需要特殊定制。在创建模型过程中发现如果将玻璃改为普通的单曲面弧形玻璃，结构圈梁到玻璃的空间大约 116mm，非常狭小无法安装立柱。设计者通过对 BIM 三维模型的直观审视和分析，在不影响整体建筑效果的前提下，将结构圈梁的半径与弧度进行更改，结构圈梁到玻璃的空间放大到 215mm，成功将原设计的平面转弧面的特殊玻璃改为单曲面弧形玻璃。通过 BIM 参数化统计显示，在明细表中，该转接件玻璃仅在 A1# 楼就共计约 560 ㎡，以平面转弧面的玻璃比单曲面弧形玻璃贵 90 元 / ㎡，总计这一举措仅 A1# 楼就可省 50400 元。

显然这样的前置优化举措，在材料、安装上省很多成本，也可以为后期的施工有简化和指导意义，甚至能减短施工工期，对经济效益有明显提升。

六、BIM 技术下模拟体验与立体表现

BIM 方案的表达特点：既有传统软件的平面、立面、剖面表达功能，还有三维显示功能和虚拟仿真演示功能。在 BIM 模型中可从几个不同的视图开始处理和保存建筑模型，每一个模型视图从不同的视角显示同一个虚拟建筑。它的"可出图性"解决了招标、施工、存档过程中的规范与实际的要求，它的"三维可视性"在"设计人员的内部讨论""与业主与施工方的沟通""招标等重要场合的演示"等重要环节体现了强大的技术功能。

（一）可出图性——平面、剖面、立面

BIM 模型的平、立、剖面等各视图是 BIM 模型的附属品，同时也在修改模型过程中起到重要作用。BIM 模型视图的创建过程也是融入设计过程中的，通过简单的设置剖切符、立面符等，随时随刻为辅助设计提供视图表达。

平面图窗口是进行 BIM 三维建模的大多数编辑工作的基本构建区域。当整个项目的 BIM 模型搭建完成后，根据使用情况和各部分功能的具体需求，可以分割得到所需的功能明确、流线简洁平面图，即 BIM 实体元素的 2D 表达。在案例项目中，采用了 Revit 系列软件，结合现行图纸规范对于软件默认样板文件中的标高样式、尺寸标注样式、文字样式、线型线宽样式、对象样式等进行标准定义，充分利用 BIM 信息模型的可出图。如中福广场 A1# 楼的二层平面图，显然，基于搭建完成的 BIM 立体模型可以直接得出项目的各层平面图，无须像传统设计模式中再进行平面图设计。且平面和三维模型之间是通过 BIM 的参数化相关联的，在平面窗口的编辑操作实时动态关联到项目三维模型，方便了模型的深入优化设计和更改。

立面与剖面空间是另一个重要的操作空间，通过剖切工具的每一次剖切来获得，没有数量限制，是通过 BIM 模型直接生成的项目正立面图，详细展示了项目的立面和造型等信息。每一个立面与剖面空间可以输出一张图纸，更重要的是在这个空间里还可以做一定程度的编辑，修改内容会自动作用于平面图，与平面空间相比，这个空间更适合于建筑造型设计。如果平面图已经被修改，一个在自动重建模型状态的立面与剖面图将在每一次它被打开时自动重建。对应的，对已经存在于立面与剖面视窗中建筑元素的修改将自动在平面图窗口中更新。通常在生成立面基础上，我们还需要添加相关的填充等 2D 的符号，完成立面图。

在中福广场项目的方案平、立、剖面出图方面，做到了建筑专业全部基于 Revit 软件的三维模型出图，实现了从三位数字模型直接打印二维图纸，满足最终的出图要求。BIM 技术突破了传统二维绘图模式的局限，对于复杂的空间关系得以更好地展现，使图纸表达更加清晰和生动。

（二）三维可视性——三维效果呈现、仿真虚拟动画演示

BIM 的可视化包含的所有工具和技术，可以向业主等充分展现建筑设计。展现的内容可以是多种类型，如项目三维视图，结合 Piranesi，Photoshop 等程序完成的渲染图像，虚拟现实和动画等，以达到不同的目的。

基于 Revit 的三维模型，以实像透视图或轴测图显示模型，提供了建筑物里外最终真正看见的最佳全景。同时可以在三维模型中直接编辑和创建新的结构元素，通过模型的关联性，其平、立、剖面视图也会同步更新。该工程以三维效果呈现，一目了然地向项目各参与方体现了建筑设计的总体风格特点："稳重大气""简洁有力"。由于项目地块临城北路，面朝义乌江，为最主要的城市形象面，其中 A1# 楼超高层（200m）更是标志性建筑，因此通过优雅的弧面造型，形体自下而上的收分处理，形成简洁挺拔、富有张力的独特建筑形象；整个项目群层次丰富又完整一致。

Revit 软件具有 3dsmax 软件的软件接口，中福广场工程把 Revit 三维模型和 3dsmax 软件的动画视图功能相结合，利用漫游和按路线行走功能，带着设计人员与业主真实的地

去感受建筑内部的美观性、功能易用性、空间合理性等，促进了设计方和业主方、施工方等各个参与方之间的沟通交流。同时制成仿真动画演示，可以为项目设计成果动态展示、施工人员培训、招标场合的讲解、内部讨论、与业主沟通提供了强大的功能支持。

以部分细部构造以及节点的安装制作的三维动画为例，幕墙安装培训动画截图使基础安装人员更加清晰系统地了解整个幕墙安装工艺和流程，直观地形成了鲜明的概念。配合幕墙安装细节培训动画截图，更详细透彻地了解了施工的具体流程和操作细节等，提前对项目实施进行关键步骤和难点分析，为后续的项目建设顺利开展做了很好的铺垫。

第五章　BIM 建筑协同设计

第一节　建筑协同设计的概念及特点

一、建筑协同设计

随着新世纪计算机网络技术的普及和发展，在协同学、信息论、社会学、人类学、运筹学和计算机科学以及现代管理科学等学科的基础上，形成了"计算机支持下的协同设计"CSCW（Computer Supported Cooperative Work）。在网络环境支持下，人们利用计算机技术，共同协作完成一项任务。而建筑设计工作由于自身的复杂性和社会化分工的细化，需要这样更加密切的配合与合作的工作方式。

建筑设计的工作包括多个学科，建筑、结构、给排水、暖通、电气等，需要相当数量的多个专业的人共同密切配合，才能完成的多个子系统共同构建的复杂体系，是各个不同的专业之间创建并交换信息，借此完成自身专业任务的过程，在这个工程中比较重要的是"交换有效信息"与"有效交换信息"。

现代的建筑协同设计是以计算机网络技术作为支撑的，在建筑设计领域里同时强调集成性、共享性、以及设计过程连续性的应用。对于建筑设计来说，计算机网络技术为各设计阶段各专业群体提供即时共享资源、共同交流讨论设计的合理化平台，通过这个协同工作的虚拟环境，不同专业之间建立良好的协作机制，打破各专业部门之间传统封闭的模式，使设计团队能在不同时间不同地点的协同工作，而且在设计人员之间为了保证设计内容的一致性，交换的信息需要及时准确的传递，这样才能发现设计中存在的矛盾和不合理现象，及时协调解决、协作修改，使项目运行过程流畅自如，从而减少避免反复工作，降低成本，提高设计工作的效率、质量以及成术效益。

所以建筑协同设计可以看作是利用网络服务器平台以及相关软件，建筑设计企业内不同设计部门、不同专业或者同一项目的不同设计单位之间的设计团队人员通过及时、准确、高效的信息传递和互用，协调配合共同完成可交付的建筑项目设计成果的一种工作模式。

二、建筑协同设计应用的特点

（一）网络化工作

现代建筑协同设计的产生本来就是依靠计算机网络技术，通过一个可供各专业设计人员交流的平台，充分发挥了网络优势，完全在网络上展开工作。设计团队中各专业的设计师可以利用电脑完成各自的工作，通过网络把设计好的图纸上传到服务器指定的工程目录下，也可以从指定的目录下下载自己所需要的其他专业或者本专业的信息、图纸。

（二）人员分工与合作

在传统的建筑设计中，本可以同时进行的工作却要一步一步的完成，等待时间较长，专业化的分工可以使各专业设计者同时进行工作，提高生产效率。因此建筑协同设计需要高度强化的团队合作，负责人需要对设计团队的每个工程师进行授权分工，并通过平台组织管理人员。负责人也可以调用设计者的设计资料成果帮助及时提出设计修改意见。每位设计团队人员必须了解个人分工情况和掌握协同设计工作要求和标准后才可以更好地工作。而且在建筑设计中强调设计的技术先进性，每个专业的每个设计人员都有自己的想法和设计理念，会造成在整体建筑设计方案上的偏差，导致需要对设计出的成果进行反复的讨论修改，浪费了大量的时间和精力。通过协同设计系统，无论团队的设计者身处何地、何时都有一个可以讨论交流的平台，从而方便形成一致性设计意见，分析更改实时数据，这样就可以节约大量的设计时间。

（三）图纸组织与参照

建筑设计向更专业化的方向发展，在设计过程中细分建筑设计细节，同时还要保持整体建筑项目的设计参数，需要团队中各级负责人将一部分图纸设定各级参照关系，也可以在工程不断推进过程中，随着设计的需要，增加图纸和图纸参照关系，从而使图纸组织有序。

（四）设计标准和要求的统一

在传统的建筑设计中，由于大都强调个体的工作，设计标准难以统一，以致设计成果千差万别。通过协同设计平台的建筑协同设计则必须要求建立统一的设计标准和设计要求，这样才能将分工合作的设计成果对接整合，充分发挥专业的优势，完整的体现设计者的设计构思，加快设计团队的工作效率，构建出优秀的设计交付成果。

第二节　某建筑设计项目的背景及问题

一、某建筑设计项目背景

（一）某建筑设计院的基本状况

　　某建筑设计院始建于 1978 年，经过独立建院 30 年，已经成为全国知名的纺织建筑设计单位，具有国家轻行业纺织工程甲级，建筑行业建筑工程甲级资质，同时具有甲级工程咨询资质，甲级工程总承包资质和对外经营资质。某建筑设计企业在工业建筑和民用建筑设计成绩显著。得到客户的高度评价。先后有 40 多项工程分别获得国家级，省级优秀设计奖，优秀工程咨询奖。而严格、规范的 IS09001 质量体系认证管理更使该院的设计质量为业界广泛认同。

　　在市场的战略上，坚持立足四川，拓展国内，放眼世界的目标。巩固四川的市场，成为四川乃至西南地区纺织工程设计的主力，并在民用建筑设计市场上获得很好的效益。利用设计院对外经营权，积极参与国外工程市场的开拓。拓展和延伸工程项目建设的业务链，实现设计院的咨询，设计，总承包的均衡发张，同时要扩大项目管理，工程监理等业务，继续拓展民用建筑设计和项目管理等业务，真正实现多元化发展的战略目标。

（二）某建筑设计项目介绍

　　"某研发基地项目"为非生产性工业用房，是某集团 2 号技术综合楼。用地地块位于已建成的某集团技术综合楼建筑群内，外部交通条件优越。用地南临已建的某集团 1 号技术综合楼，西面为园区中心花园，东面和北面、均为城市外部道路。园区内市政配套设施齐备。

　　工程总用地面积 9984.81 平方米，总建筑面积 38170.08 平方米，其中地上部分面积为 23782.18 平方米，地下部分面积为 14387.9 平方米；地上 7 层，地下 2 层；建筑高度 29.55 米，为二类高层建筑。地下 2 层为地下车库及设备用房，负 1 层地下车库高度为 4.2 米，负 2 层地下车库高度为 3.9 米。

（三）设计团队

　　"某研发基地项目"设计范围包括某集团 2 号技术综合楼的建筑、结构、电气、给排水、暖通。所以参与者包括以上专业的设计人员，其中建筑师作为协同设计的团队协调者，解决项目过程中综合设计技术问题以及负责各专业的协调。

二、设计难点

"某研发基地项目"的业主有几项要求。首先是房间挣高的要求。"某研发基地项目"用地地块存在航空限高，建筑的总高度包括楼梯间女儿墙在内不能突破 29.55 米，但是由于项目建筑房间的舒适度需要，业主要求尽可能的增高每层的净高。其次由于建筑功能的需要，要求每个房间内不得出现结构柱，致使结构跨度增加到 11 米，还要求在首层大厅做结构转换，顶层的大科研室为大跨度钢结构屋面。最后要求 2 号技术综合楼与 1 号楼的连廊、地下室车库贯通连接，并且部分水、电设备共用。这就造成 2 号技术综合楼内设计管线与设备用房增多，负荷加大。

三、在二维工作情况下的问题

"某研发基地项目"已经在二维的工作环境下完成初步设计的图纸，正在处于施工图阶段，在初步设计过程中，出现以下问题。

（一）工作效率与设计质量的问题

首先是重复工作，效率低。在传统的二维设计协同模式下，由结构工程师根据建筑提供的平面图以及模型形体，初步建立完全体现建筑师设计概念的结构计算模型，通过专业的结构计算软件计算后，结构工程师在根据计算的结果，对建筑设计师提出结构修改的意见，建筑设计师还需要花费时间和精力根据新要求重新调整二维的建筑方案。这种建筑与结构的协同设计是单向不可逆的。在"某研发基地项目"项目初步设计阶段，由于业主某集团公司的内部意见不统一和人事的更迭，建筑的立面造型做出了多次的修改，局部屋面的结构类型也做了几次方案选择，这就需要建筑重新一次又一次的完成平立剖面的图纸，使建筑结构两个专业也需要重复多次建模。这种工作的方式工作效率低，无法满足设计周期紧张的现实。容易导致在人工建模时出现误差，发生结构和建筑的模型存在不一致的情况。

其次是设计图纸质量得不到保证。在二维工作环境下的！办同设计当中，众多设计人员参与协同设计时，我们会花大量的时间和精力专门人员去靠肉眼人工检查所有平面图、立面图、剖面图是否协调统一，各设计人员所设计图纸的拼接处是否存在矛盾，图纸的拼接后是否存在整体上的规范错误，这种人工检查的流程十分的缓慢低效，在准确性上也存在着风险。

（二）专业内与专业间协调的问题

在"某研发基地项目"项目初步设计阶段，由于设计团队内部沟通协调问题，造成在初步设计阶段多次的修改，每次的修改牵扯涉面非常广，几乎每个专业都要花费大量的时间和精力进行修改。例如在传统的二维设计流程中，建筑根据结构、水、电、暖通专业初步所提资料信息进行设计，建筑设计所形成的底图反提资料给其他各专业进行细化，在第二次提资料以前，结构经过详细的计算，发现梁的宽度需要加大，这就影响到通风管道井的通风面积，水专业卫生间的竖向管道，以及建筑楼梯间的宽度。但是由于新的信息、没有及时传达，造成在各专业设计图纸进行到一定程度的时候才发现问题。在建筑空间有限的情况下，为了躲避梁增大截面所造成的困扰，通风管道重新选择位置；卫生间只有缩小面积，修改蹲便器的数量和位置，建筑楼梯间的宽度也做出相应的调整。信息、在流动的时候出现损失、遗漏，或者偏差，不及时。就会造成各专业出现大量的返工，浪费时间和降低工作效率。在传统的二维方式下，各专业的设计人员之间信息茸换大都是依靠二维的图纸、口头的表达等方式，建筑在汇总各专业的意见，在独自完成各个平面、立面与剖面，而且多设备专业的图纸都是依靠建筑这个平面作为底图进行设计，一旦某个设备专业出现修改、错漏的情况，建筑专业又需要从头开始，其他专业也要跟着更改变更。既费时又费力。

（三）项目设计阶段衔接的问题

"某研发基地项目"的方案设计和初步设计，施工图设计是由不同的设计团队完成的，这就出现设计阶段的衔接问题。在方案设计阶段，建筑师主要的工作内容是造型设计和功能布局，再由后面的设计团队进行细化和完善。这就容易造成设计上的脱节。比如在项目的初步设计阶段，发现效果图的窗户立面分割与内部功能不一致，平面放置多联机的阳台却被窗户封闭等等。方案交给后续的建筑师以后，需要重新对方案进行梳理和理解，甚至由于各自的设计版术不一致，或者制图习惯的不同，可能还需要后续的设计师重新制图。一方面工作量大，另一方面会因为工程需要或者简单的错误导致不能使原设计理念得到很好的贯彻。设计方案的信息、不能完整的传递到初步设计，施工图设计阶段。

（四）传统二维管线综合的问题

在"某研发基地项目"项目中，用地地块存在航空限高，建筑的总高度包括楼梯间女儿墙在内不能突破29.55m，但是由于建筑房间内部的功能需要，业主提出尽可能地加大每层的净高。现在一层是4.8m，一二至七层均为4.05m，由于结构跨度大、结构转换的原因，以及为了在有限的空间内布置众多的设备井道及设备间，为了不遮挡竖向的设备井道及线路，结构不宜做扁梁，况且某集团曾在地震中遭受严重的损失，出于安全的考量，结构也未做出在梁上穿孔等等措施，结构提出梁高最高为850mm，除去水、电、暖通管等设备专业提出的设备要求空间后，房间内大部分的空间和走道的净高只为2.7m，由于项目的大多技术科研用房基本为大空间，2.7m高的净空，从人的空间感受上来说，就略显低矮，所以业主希望增高净空。这就需要进行管道综合的优化设计。在传统的二维设计流程中，需要建筑来协调各专业的管线布置。一般情况只是将各专业的二维平面图纸进行叠加，按照一定的原则确定各专业管线以及桥架风道的相对位置，在局部放大的竖向剖面图中标注各管线的高度等等，但是仍然出现以下的缺陷：1.靠人工的肉眼观察，难以全面的分析。

在存在梁高变化的地方，往往解决了各设备专业的管线之间的问题，却忽略了管线与结构构件之间发生的碰撞。2. 缺少管线的连贯性考量，在二维环境下的管道交叉部位都为局部调整，会出现解决老问题，却带来新的问题。3. 只有局部的放大剖面图上有准确的竖向定位关系，大量的管线并没有定出准确的位置。4. 多专业的二维平面图纸只是进行简单的叠加，图面繁杂零乱，不够直观准确，表达不够充分，不容易发现问题。5. 在要求建筑室内加高净空的限制下，无法因地制宜地的综合利用布置空间，无法更为精确的利用好有限空间，造成浪费。

四、实施 BIM 的原因

住建部制定的《"十二五"建筑业信息化发展纲要》中指出，"十二五"期间的总体目标为：基本实现建筑企业信息系统的普及应用，加快建筑信息模型基于网络的协同工作等新技术在工程中的应用推动信息化标准建设促进具有自主知识产权软件的产业化；形成一批信息技术达到国际先进水平的建筑企业。

根据发展纲要的要求，以及随着现代建筑业全球化、城市化进程、可持续发展的要求，我们面临着建筑业效率问题、建筑业信息化问题、建筑造型以及功能复杂的问题等多重挑战。越来越多的建筑设计企业认识到 BIM 是建筑信息化未来发展的趋势。而且在建筑设计企业内部，二维状态下设计已经不能适应发展的需要。某建筑设计院为小型建筑设计企业，目前正在 BIM 设计领域进行探索及推广。目前基于 BIM 平台的三维软件很多，对比其他平台 REVIT 系列操作相对简单和完整，通过向模型中添加如构造、材料、尺寸等建筑相关信息，构筑成比较完整的信息、模型。所以某建筑设计院选用 REVIT 系列作为 BIM 技术的核心软件。

"某研发基地项目"项目虽为大型公共建筑，但形体简单功能并不复杂，需要各专业配合紧密进行协同设计，但是在初步设计过程中遇到过种种的问题，在现有的情况下不能得到很好地解决，所以某建筑设计院选中此项目作为第一次采用 BIM 协同设计的项目。以 REVIT 系列软件作为 BIM 的核心软件建立模型，没有涉及复杂的多款软件的相互信息互换或者绿色建筑分析等内容，项目仅作为设计人员协同设计的培训，目的是为设计企业日后的设计项目广泛的采用 BIM 技术做好初步的准各。

第三节　BIM 协同设计的切入点

一、REVIT 软件的技术难点

（一）建筑专业

由于建筑专业接触过三维建模，接受 REVIT 软件的程度比其他专业较高。

1. 不管是在方案阶段还是施工图阶段，建筑在建模的时候都需要考虑一定的结构与设备专业的需求。

2. 虽然基于同一个 BIM 模型生成的平立剖面，一致性很高，剖面和立面都是自动生成而无须特别绘制，但是在 REVIT 系列软件中，如果剖面、立面处理不到位，水平构件和垂直构件交接方式不到位，在 BLM 模型自动生成的剖面图中，建筑构件未能闭合，构件之间的结合关系不能够正确显示，会限制后期修改，特别是对复杂的曲面曲线的交接，REVIT 系列软件的识别困难。

3. 由于在设计过程中，二维状况下方案设计很少涉及某些问题。例如划分墙体的类型。初设阶段根据墙体材料、厚度、不同，划分墙体类型。施工图阶段根据墙体面层、踢脚、使用区域的不同，划分更多的墙体类型。而这些在 BIM 软件建模的时候是需要提前考虑的，对于小型项目而言，就绘图出图的效率上来说可能会没有在二维的状态下直接的绘制来的高效。

4. REVIT 软件有自身的设计障碍，例如建立轴线的时候，不会像天正建筑软件一样，自动过滤掉 1.0 等制图规范中不允许的轴号，需要进行手动修改。

（二）结构专业

目前国内在建筑结构设计领域应用最为广泛的两个软件，一个是 REVIT，主要侧重 BIM 模型的建立，实现跨专业协调设计。PKPM 是专业分析软件，在结构分析计算方面与国家规范结合最为紧密。建筑结构设计领域的工程师在做同一个工程项目时，往往需要涉及两个软件协同共用的情况。建筑模型建立到一定程度后结构跟进，目前 REVIT 结构模型软件与 PKPM 结构分析软件信息还不能互用，PKPM 计算结果不能同步到 REVIT 模型中，还没有无缝数据对接。虽然可以借助中间的软件进行转化，但版木问题、准确性以及可靠性的问题都没有完全解决。所以结构工程师在建筑模型的基础上做结构设计时，在 REVIT 完成结构部分的模型，用 PKPM 进行分析计算，在依据 PKPM 的计算信息、人工修改 REVIT 结构模型中结构构建的参数信息。在这过程中，结构工程师需要建立 REVIT 模型和 PKPM 计算模型，这就导致了结构工程师在工程建模时进行了大量的重复劳动，增加工作量。而且两次模型可能各有差别，如果模型间不一致就会出现工程质量问题，这一点是很难检查出来的，尤其是不断深化优化后，问题会显著增加。

在 REVIT 模型各实体构件的属性中，没有构件配筋信息、的内容，但是在混凝土结构施工图中，配筋信息占据相当重要的地位，所以这就要求结构工程师在后期模型处理时将这些信息添加进去。创建钢筋实体并将其配置到墙、柱、梁等构件中去，虽然能够实际表达模型的配筋信息，但是大大增加了模型的复杂性，提高了设计的硬件要求，同时会增加设计者建模工作量，延长设计时间。

（三）设备专业

设备专业可以与建筑师和结构工程师建立的模型，展开无缝协同设计，可视化设计以及碰撞检查功能，能轻易发现问题的所在，最大限度地减少建筑设计团队之间，协调错误。此外，它还能为工程师提供更佳的决策参考和建筑性能分析，促进可持续性设计。

设备专业应用 REVIT 最大的难点是族类型的缺少，找不到项目所需要的现成三维模型，只有自己花时间去建立新的模型，但是族的建立是很麻烦的事，设备专业的族还需要接口，不然设备系统没有办法完成，可能因为项目的特殊性，辛苦建立的族只用一次，族的建立只有靠院里单位项目的积累，所以设备专业在原有二维的设计时间内很难按时用三维出图。

目前的 REVIT 软件还不能绘制设备专业的系统图，致使设备专业用 REVIT 软件的出图率并不高。

二、不同设计阶段的分析

（一）方案阶段

方案设计阶段接收可行性研究阶段所收集整理分析调整后的信息，在这个基础建立自己的成果，并把详细的信息传递给初步设计和施工图设计，以确保下个阶段的工作顺利展开。在这个阶段不仅仅需要与开发商或者业主之间的交流，更需要方案设计团队成员之间的协同设计。这个阶段主要是设计优化、方案对比和方案可行性分析对比。

首先在构思前期需要对设计的信息与条件整理分析。例如在场地复杂的情况下，需要对场地的高程、坡度的做出详细的分析，利用 BIM 相关软件建坡度和坡向分析图，供设计者分析地形的变化和不同体量建筑之间的关系，地形对建筑日照采光暖通等的影响。这可作为基础依据传递到下一步的设计中。在旧城改造或者对景观视线有较高要求的设计中，在方法设计的前期建筑设计师可通过 BIM 模型可视度分析，发现遮挡区域，进行针对性修改。

其次通过绿色建筑分析，如热工分析、照明分析等等对建筑方案设计进行优化。例如在某办公楼设计中，利用 BIM 模型的基础上模拟办公楼指定房间全年的自然暖通量与温湿度数值，在保证自然暖通的基础上，为建筑设计师推荐合理的开窗率。在小学及幼儿园设计中，利用 BIM 相关软件模拟经过高层遮挡后的操场风速，检查是否影响人体舒适度等。最后在方案阶段建立起的三维实体模型，需要专业效果设计人员协同设计，通过效果图、实时漫游、虚拟现实系统等展示手段，呈现在开发商或者业主面前。在大型、复杂的建筑项目中，运用可视化效果，可以快速地展现建筑的体量、剖析造型和功能，为方面设计人员与开发商或者业主的沟通，更好更快的做出抉择打下良好的基础。

由此可见在建筑方案设计阶段，需要建筑设计人员通过 BIM 模型讨论建筑空间和建筑功能进行设计，这不仅仅是建筑专业内部协同设计，还需要许多专项设计人士通过 BIM 相关软件紧密的配合。方案设计可能会有一个建筑项目设计师做主导，同时与景观设计师、规划设计师等等的协同合作也是非常重要的。

（二）施工图阶段

在施工图设计阶段，主要的应用除了专业之间，最突出的就是专业之间的协同，BIM 将整合建筑、结构、设备的模型信息，配合设计检测，对检测出的设计存在问题，进行分析调整。对比二维的施工图设计，最大的不同就是，原先各专业之间不协调冲突的地方需要人工多次多道工序的审查和检定，现在用 BIM 软件，通过可视化展示，简单直观，容易发现问题。

在碰撞检测方面，各个专业的设计师可以通过更加直观的三维模型，观察到模型冲突的位置，冲突存在的原因，这可以利用 BIM 软件本身自带的碰撞检测功能或者利用 BIM 的相关软件第三方软件来完成碰撞检测和修改，这样不但在施工图中减少或者避免出现错、碰、漏的概率，而且在后续的施工过程中减少因设计的原因修改反复，节约成本。

在管线综合方面，三维的效果更能直观快捷方面的反映管道系统更为真实的空间状态，在大型的工业建筑，机场铁路等的交通建筑，造型复杂的医疗、体育、剧场等的公共建筑里，存在大量复杂的专业管道设计，这不是一个专业工种的问题，也不仅仅需要建筑、结构、暖通、强弱电、给排水等专业的配合，还需要甚至是设备厂家、生产工艺的配合，才能完成的工作。由于大量桥架的存在，在二维的世界里，使各专业的设计师无从下手，依靠一张或者几张管线综合竖向或者平面的图，是不能彻底解决问题，只有在预留充足的管道设训的空间，在一定程度上挤占了建筑设计功能的其他领域，浪费了使用空间。

BIM 是目前是彻底、高效解决这一难题的唯一途径，从而节约设备的空间，节约成本。

三、该项目 BIM 协同设计的切入点

针对以上分析，方案阶段做 BIM 设计比较适合规模不大，在设计初期需要多种建筑体量对比分析的建筑项目，或者设计时间充裕，修改频繁、立面细节较多的建筑项目，在专业协同方面，涉及结构与建筑专业以及专项分析或者景观、规划等的协同。施工图阶段，则是在建筑专业在初步设计深入、方案基本完成后，结构、设备专业都可以介入协同设计、

施工图深化设计内容，着重在建筑、结构、设备各专业间的协调，并可以涉及各个专业的BIM应用难点。基于该项目进行BIM协同设计的主要目的是对设计人员的BIh4协同培训，积累经验。所以木项目选在施工图阶段介入，以方案阶段的CAD图纸作为蓝木，在该阶段应用BIM的主要工作有BIM模型的建立、管线综合、碰撞检查等等。

第四节 BIM 项目拆分及协同模式

一、两种协同模式

（一）工作集模式

工作集模式是一种数据集的实时协同设计模式。即工作组成员在本地计算机上对同一个三维工程信息、模型进行设计，每个人的设计内容都可以及时同步到文件服务器上的项目中心文件中，甚至成员间还可以互相借用属于对方的某些建筑图元进行交叉设计，从而实现成员间的实时数据共享伙对于建筑专业工作集是类似墙，门窗，楼梯这样图元的集合。对于设备专业工作集是类似风管、风道末端或者空气处理设备等这样图元的集合。

为了防止项目中的潜在冲突。工作集模式设定为在一定的时间内，只有一个设计人员可以编辑自己的工作集，团队成员对的其他成员所拥有的工作集可以查看但不能做出任何修改。如果想要修改其他成员所拥有工作集合里的图元，可以通过图元借用的方式，编辑完后保存到中心文件时还给原来的工作集，这样就实现了真正的协同设计。在协同设计中，不可以巡免的存在交叉设计的图元，例如楼梯间的空洞设计，楼板是在建筑师A的工作集中，建筑师B负责楼梯间开动，建筑师B只需要向建筑师A借用楼板的图元，等到建筑师B编辑授权后，建筑师B就可以修改编辑了。

除了采用图元借用的方式，还可以采用工作集签入签出的模式。例如项目经理根据项目的复杂程度及大小把项目划分为几个部分，然后将各个对应的建筑图元构建分配到各个部分中，将保存为设计中心文件之后的项目权限释放，使同专业的设计人员都可以通过网络进行小组间的实时协同，当一个设计人员将自己的设计与中心文件同步以后，其他团队人员只需要重新载入最新工作集合就可以实现同步了。设计师可以在需要的时候签出这些工作集编辑，就不会因为某个人员的不在线，而影响其他设计师的协同设计。但是这种方式容易造成图元被随意地修改，一般还是采用图元借用的方式比较多。

为了方便BIM建筑协同设计，项目经理需要根据协同设计分工合作的方式，合理创建工作集或者链接。专业负责人根据项目的情况，将建筑构建对应分配到相应的工作集中，一般一个设计人员分配4个工作集，每个团队的成员通过网络访问中心文件另保存一个副本到本地计算机，然后每个设计师签出自己要设计的工作集就可以开始工作，在设计过程中，设计人员大概每1～2小时保存自己的设计结果到设计中心去，这样同项目的其他团队设计人员更新工作集就可以查看到最新的结果，这使得每个设计人员都能够及时了解工程的进度情况，使自己的设计与团队其他人的设计保持一致。所有的设计都是基于同一个模型展开，保障整体建筑设计质量的一致性。通常一个图元应该处于一个工作集中，但是如果项目太大，导致图元太大就需要拆分放入其他的工作集。工作集划分的越细越好，团队成员都有自己特定的设计工作集，例如有人专门设计内部空间的：有人设计场地总平面的，有人设计电梯楼梯间的等等。但是有区别于二维空间的图纸设计的地方，通常不需要按每个楼层来创建工作集，对跨层的墙，幕墙等图元可以用一个构建创建完成方便日后修改。

工作集方式中权限的获得与释放较为烦琐，适服于无法拆分的多个单个体的中、大型的建筑项目，团队里的设计师在同一个 BIM 建筑模型上完成各自的设计内容，电脑自动更新，实现实时协同的效果。工作集模式比较适合同专业的人之间进行协同设计，不同专业之间如果使用工作集，这样带来中心文件非常大，使得工作过程中模型反映很慢。设计人员还需要养成经常和中心文件同步的好习惯，对于多人同时在中心文件工作时，存在本地文件和中心文件不能同步的风险，及时的同步本地和中心文件能避免该风险，即使一旦发生这种情况也不至于工作了大半天的工作丢失。而且还需要养成经常释放构建权限的习惯，如果把自己创建的构建权限全部牢牢拽在手上，确实能避免别人随意修改，但是也会发现这样会导致别人经常需要借构建的情况，一旦比同团队里的建筑设计人员互相工作交叉比较多，就会发现原来有一半的时间花在把构建借给别人上。

（二）链接模式

链接模式是当每个专业都有了三维工程信息模型文件时，即可通过外部链接的方式，在专业模型（或系统）间进行管线综合设计，这个工作可以在设计过程中的每个关键时间点进行，因此专业间三维协同设计和二维协同设计同样是文件级的阶段性协同设计模式气链接模式的操作方式与 AUTOCAD 的外部参照十分类似，是最接近传统协同设计模式的三维协同设计模式。链接模型只是作为可视化和空间定位参考，设计人员不能对其进行编辑，所以软件很少的占用硬件和软件资源，性能较高。

链接模式应用于：

1. 场地内各独立单体建筑，建筑之间没有相互的关联或者关联甚少。

2. 由不同设计团队设计的建筑几个组成部分。由于功能复杂，形体巨大或拆分为多个单体，且需要分别出图的建筑群项目，项目小组设计人员各自完成一部分单体设计内容，并在总图文件中链接各自的模型，实现阶段性协同设计。

3. 各专业之间的协调。如建筑与结构模型之间的协调。理设计方案阶段初期的体块重复的楼层。方案阶段初期注重模型的性能阶段，这种方式可以快速地修改。

但是链接模式也会存在诸多限制。主体项目中的图元与链接模型中的图元的有限连接与相互作用，使得图元无法清理或连接链接模型中的图元。主体项目和链接模型之间的图元名称、编号和标识数据可能会导致名称或编号重复。主体项目和链接模型各自的项目标准不同可能会导致模型之间彼此不同步。

二、两种协同模式的比较

（一）两种协同模式的区别

两种协同模式最根本的区别是：工作集模式允许多名设计人员同时编辑相同模型，而链接模式是独享模型，当某个模型被打开编辑时，其他人只能读取而不能修改。（如表5—1）

表 5-1　工作集模式和链接模式两种协同工作方法比较

	工作集模式	链接模式
项目文件	同一中心文件，不同本地文件	不同文件：主文件和链接文件
更新	双向、同步更新	单向更新
编辑其他成员构件	通过借用后编辑	不可以
工作模板文件	同一模板	可采用不同模板
性能	大模型时速度慢	大模型时速度相比工作共享快
稳定性	目前版本不是太稳定	稳定
权限管理	不方便	简单
适用于	同专业协同，单体内部协同	专业间协同，各单体间协同

（二）工作集优点

1.方便编辑。将整个项目划分到每个工作集里，就可以编辑项目的所有部分。大型项目不可能由一个人独立完成，采用工作集的模式就可以解决多个人同时为一个项目工作的问题。各专业的众多设计师都可以基于一个共同的模型展开工作。工作集划分灵活。比如建筑师可将室外环境、建筑空间、建筑外墙、楼梯、装饰等分在不同的工作集里。

2.协同性强。团队成员随时上传自己的工作信息至中，自文件，其他成员便能直接看到建筑物的即时状态，相互之间的配合变得轻松，使项目设计团队减少协调成本，提高工作效率。

（三）工作集缺点

1.用户操作复杂。REVIT工作集需要设置的选项比CAD多，对设置的不熟悉或者疏忽点错选项。例如显示选项勾选错误，很有可能辛苦创建的对象会忽然不见，不知道存到什么地方去了。或者在设备专业链接建筑的模型时，链接模型的显示式样突然发生变更等等。

2.工作集权限。团队里的每个设计者都有一个工作集，拥有这个工作集的编辑权限。如果没有习惯这种工作集操作释放了工作权限，工作集里的对象就可能被其他设计者删除或者更改，但是如果保留的图元编辑权限过多，就会忙于应付其他设计者的编辑请求，编辑权限的度很难把握。

3. 工作集同步等待时间长。在协同设计时，经常需要与本地文件和中心文件同步，我们发现存储到本地文件比较方便，但是存储到中心文件，与中心文件同步就明显很慢。特别是几个人同时存入中心文件时更加明显。

（四）链接模式的优点

1. 工作性能稳定。在各专业模型或者各项目拆分部分之间的模型链接没有产生过什么的问题。性能比工作集模式较稳定。

2. 运行速度快。由于只是把模型相当于作为一个"块"来参照，采用相应的软硬件配置的前提，在链接其他模型后，工作时计算机的运行速度还是比较流畅的。

3. 异地数据转移方便。该项目工作地点发生过多次的变化，包括到项目所在地进行现场建模，共享文件夹通过复制就实现了。

4. 团队成员使用方便。对比工作集模式，链接模式不存在工作集的权限问题，只需要设置成员的访问服务器权限就可以展开工作，项目团队人员使用都比较方便。

（五）链接模式的缺点

1. 协同性弱。例如建筑、结构、暖通、给排水等专业各自为一个模型，然后以链接模式链接，链接模式最大的缺点就是信息是单方向的更新，单个的模型文件不能及时反馈到其他的模型中来，而工作集模式则很方便利用同步更新文件的形式同步工作集。因此，链接模式的各专业的协调度没有工作集模式好，信息还需要人工的传递，需要有所有专业配合，各专业人员要达成一个共识，比如模型文件的位置，如何更新，管线冲突时候如何调整，调整之后又怎么样快速的反映到其他专业的模型中。

2. 在模型的最终整合和出图上存在一定的问题。例如各专业各自有一个模型，在最终整合的时候，各专业的文件导入到建筑模型中绑定并解组，最终整合成一个包含建筑全部内容的综合模型。这个整合过程中会出现一些模型无法绑定到建筑模型中的情况。在出图方面，出图只能在最终的整合文件中出图，遇到一些大的项目时候，会出现最终整合的文件特别庞大，增加电脑硬件配置的负担，运行速度会受很大的影响。

三、项目拆分及协同模式选择的原则

项目的拆分及协同模式是按项目的大小、复杂程度、功能分区以及专业划分选择的。从上一节我们可以总结出工作集和链接模式各有各自的优缺点，需要根据各自项目的特点、各设计院的实际情况、以及设计人员的工作习惯进行选择，可选择的 BIM 协同工作方式有工作集模式，链接模式，以及工作集与链接的混合模式。由于国内项目的特殊点、设计人员的习惯或者对 BLM 软件的操作熟练度，为了集中工作集与链接模式的优点，国内的项目很多都采用了工作集与链接的混合模式。

上海中心项目为几十万平方米的超高层建筑，如果完全采用工作集的模式，由于一个完整的建筑信息模型的信息量会非常大，对计算机的运算和操作十分不利。因此，设计者根据建筑的分区特征将项目拆分成 11 个部分，每个部分按照各专业又分成建筑、结构、设备 3 部分，依靠链接模式保持彼此间的联系，在 3 个部分下面又分为多个工作集，以工作集模式联系，方便专业内的协同合作。

华西医院科技楼项目为一个中型多层公共建筑。由于面积不大，形体不是很复杂就是按专业划分的，依靠链接模式联系建筑、结构、设备三个专业的中心文件，专业内部又进行工作集的细分以工作集模式进行联系。

四、该项目的拆分及协同模式

前面介绍了项目的拆分及协同的模式的选择，链接和工作集模式各有优缺点。链接模式主要是数据参照，各专业的模型比较独立，协调性比较差。但是链接模式与 CAD 的参照很类似，设计人员的接受度比较高。工作集模式是各专业共用、操作一个模型，协调性比较好，但是如果遇到大型的项目，大量的数据对计算机设备的要求高。而且工作集模式需要对工作集的掌控操作要求非常强，这对第一次采用 BIM 模式的设计人员而言是个挑战。"某研发基地项目"项目为大型的公共建筑，但是形体简单，功能不复杂，采用的是链接和工作集模相结合的方式。所以项目按专业的类型分为建筑、结构、设备三个中心文件，三个中心文件之间用链接模式联系。设备专业给排水、机电、暖通三个专业之间关联性很强，工作集模式数据全部共享，各专业的协调性好，所以放在一个中心文件内，相互之间采用工作集模式。建筑、结构、设备三个专业内部根据项目内容细分为不同的工作集，通过开关工作集显示各专业需要的模型信息。

第五节　应用实施

一、BIM 应用前期准备

（一）模板文件的准备

在项目模型建立之前，就需要制定符合建筑设计院制图标准和设计习惯的设计样板，这是进行三维设计，提高同单位设计人员的设计效率不可或缺的一环，有了一个真正意义上好的项目样板，可减少很多重复的工作和加快设计速度。REVIT 有自带的样板文件，但是不符合中国的设计标准，只有在官方网站上本地化族库中下载中国样板文件，在这个基础土自定义专用样板件。包括项卧单位、项目信息、对象的样式、填充样式、线性、线宽、线样式、箭头、尺寸标注样式，文字样式，引线箭头等等常用设置和注释标记。

由于该项目是某建筑设计院第一次 BIM 建模试点培训项目，并没有现成的模板文件，某建筑设计院甚至没有二维协同制图标准的基础，所以在 REFIT 有自带的样板文件的基础上，进行简单的设置，没有正式形成样板标准，这就导致最后的各专业成图标识存在差异，需要后期在修改。

（二）多工种协同族库的准备

REVIT 与 Auto CAD 不同，它没有图层的概念，提出新的概念"族"。REVIT 对现实的对象按构件功能、类别来区分并控制，用"族"分类并进行管理。族是模型的基本构成单元和核心，整个项目都是由族来支撑的。例如，在梁族中包括了梁宽、梁高、参照标高、结构材质等信，REVIT 族数据库是参数化的，可以根据设计要求灵活定制。

REVIT 族主要分为系统族和可载入族等，系统组包括哪些 REVIT 软件已经定义的族，比如建筑中的墙，梁，柱等，机电中的风管水管等，使用的时候直接调用，但是有时候一个项目系统族不够用，需要可载入族，可载入族一部分可以下载，但是项目特定的族就需要自制，族的建立很复杂，需要很多的参数，例如自制的设备族，还需要带接口的设计，才能方便设备专业能继续使用数据，如果没有接口，设备专业没有办法做系统设计。三维素材图库要随着 BIM 工具的推广才能逐步丰富起来，美国已经有很多第三方软件公司提供的三维素材图，但是 REVIT 软件还存在一些木上化问题，项目只能根据现行国内规范及院内制图标准进行长期的族库的积累。

某设计院并没有自己的族库积累，在目前的状况下该项目只能用 REVIT 自带的系统组。建模的时候只能建粗略的模型，或者用其他相似族代替，或者留白后期填补，这样所建立的模型离最后施工图的标准还有一定的差距。

二、模型设计程度的控制

（一）模型构件的详细程度的控制。

模型的搭建是 BIM 三维设计的纂础，在施工图阶段建模，从无到有，是个逐步深化的过程。BIM 模型包含的信息量非常大，在有限的时间内，建立可以达到出图目的的模型是很困难的事情，所以在建模的时候需要有所取舍。

针对这个项目，建筑开始建模的时候，需要拟定一个不同时间节点达到不同详细程度的标准。在建筑建模初期搭建时，窗户、楼板、电梯、洁具等是基础的构建可以搭建，在建立一个基本的模型后提资料给其他专业，以作为其他专业的底图，如果过度建模，在需要建基本模型的时候就建其他专业不需要建筑信息，会使基本模型的信息、量过于庞大影响电脑的运算，最重要的是延长其他专业等待的时间，拖延项目的进度。

（二）针对出图的控制

根据欧特克公司的数据，在建筑模型图纸化方面，建筑的出图率可以达到100%，结构最大出图率为90%，设备专业需要付出很大的努力才能达到75%现有的设计体系是以二维的出图标准设定的，是以二维作为基础，并不是三维的模型。所有的模型设计最终成果还是需要满足二维的表达要求，因为REVIT还没有完全地本土化，需要CAD后期添加很多内容的修饰，所以在建模的时候不用特别苛责模型的细节和表达，达到出图率100%。

在有限的时间内，主体模型三维搭建，一些细节的部分要达到施工图的标准是很困难的。该项目采用二维结合三维的方法，建模的时候没有建的非常细，剖出来的剖面、节点、类似檐口滴水，墙身节点等属于大样详图的部分，就在出图的时候用CAD绘制补充，这样仍然可以发挥CAD快速直观的优点。由于符合中国制图标准的引用、图标没有成为REVIT软件的族库，某设计院又没有相关族库的积累，所以如果这类标识在REVIT模型状态下添加，还需要自己制作族库，这个工作量是非常巨大的。所以在出图的时候，也需要在CAD里以REVIT平面图的作为基础，进行尺寸标注及文字注释等符合制图标准的补充。

（三）专业配合的控制

该项目选采用的是链接和工作集模相结合的方式。建筑、结构、设备三个专业内部采用的是工作集的模式，三个专业各形成中心文件，以链接模式联系。在专业内部，由于是工作集模式，设计人员的操作不熟悉，特别在设备专业内部没有正确使用工作集权限，出现图元突然消失和更改的情况。对专业配合的控制，还在于约定更新存入中心文件的时间和替换链接模型的时间，这样才能更好地配合，及时的更新，了解工程进度，与他人保持一致。

三、碰撞检测与质量控制

（一）管线碰撞检测

管线碰撞检测过程可以通过实时管线综合和阶段性管线综合，达到零碰撞。阶段性管线综合需要BIM相关软件的配合，所以该项目只采用了实时管线综合的方式。水、电、通风三个设备专业同在一个中心文件中，通过工作集联系，及时更新中心文件就可以在三维的情况下实时查看其他专业的信启，及时调整管线的走向，可以避免大部分的碰撞。但是由于该项目建筑空间紧张，某些设备还要兼顾相邻一号楼的负荷，而且弱电的相关线路还要从1号楼连接过来，会存在两个专业相互争空间的情况。依然需要制定至少两个时间节点，由建筑专业集中协调管线碰撞问题。

（二）土建专业与设备专业模型交叉碰撞检测

碰撞检测只能两个专业进行。该项目完成了三次模型交叉碰撞检测。首先完成建筑与结构两个专业的 BIM 模型碰撞检查，发现了几处设计问题，例如标高、梁门的冲突、柱子不一致的问题。其次结构与设备专业的模型交叉碰撞检测。碰撞问题主要集中在设备管道与梁柱冲突等。建筑与设备专业的碰撞问题则是设备的管道末端与建筑吊顶冲突的问题。

（三）设计全过程质量控制关键点

本项目通过 BIM 的可视化设计，更方便地控制设计质量的几个关键点。在碰撞检测方面，要注意消防系统与结构的碰撞，结构与给排水系统的碰撞，结构与通气管道的碰撞，通风管道入口与电气桥架的碰撞、结构梁与建筑门窗等。

在净高控制方面，地下室车道入口结构梁下保证 2.4 米车道的高度，梁上翻后，一层的门是否能打开。由于限高的原因，顶层楼梯间梁下高度是否满足开门的需要。车库在设备专业布置后，是否满足净高的要求。电气机房在结构不做降板的情况下，是否能满足电气设备的净高要求。地面以上建筑楼层在综合管线布置后，走道的净高是否能满足业主的要求。楼梯的净高是否满足要求等等。

四、BIM 在该项目上的适应性

（一）二维工作状态下难以解决的问题

1. 信息传递的问题

在以往的二维设计空间里，专业内和专业间的信息互换主要是靠各专业的信息互提资料来实现。在初步设计和施工图设计阶段，该项目设计团队在网络上建立工作组，上传各专业的图纸到网络共享文件。这样传递信息、的方式存在以下几个问题：

（1）各专业软件的版本不同，在相互转化过程中，文字和某些线段会丢失。

（2）这种信息传递的方式没有更新通知的提醒，即使通过网络聊天工具或者手机提醒，一是通知的人员众多，二是如果设计人员不在网络上，或者手机短信丢失，设计人员往往会拿着几天前未做修改的图纸继续工作。

（3）共享文件中的图纸众多，新旧图纸混杂，可能会下载错图纸，造成不必要的损失。

2. 在二维工作环境下的协调问题

建筑设计信息、互换的主要设计节点控制依靠项目负责人和各专业的负责人协调来完成的，这往往需要大量的人力、时间来核对，讨论图纸，在二维的工作环境下，平面的图纸不能完全反应三维真实的情况，表达不够直观准确充分，为各专业的协调工作设置障碍，致使设计人员不容易发现问题。由于该项目的用地存在限高，需要专门做管道综合设计，将各专业的图纸层层叠加，检查是否有空间退让，遇到平面图纸解决不了的问题，还需要画局部剖面，确定各专业管线以及桥架风道的相对位置。在解决设备专业的管线问题时，设计人员才发现结构的梁高局部突然出现变化，与建筑的吊顶标高不匹配，导致设备专业的管线直接穿越结构的梁。

3. 设计质量和工作重复的问题

在该项目在施工图深化过程中，因甲方的要求重新调整了层高，通风专业修改大空间功能用房的进风口的位置，通风井道数量的增加，结构的梁截面的尺寸的调整，弱电专业井道的加宽等等一系列的修改，每次的调整都涉及建筑图纸的修改，在二维的工作环境下，每次都需要人为的重新对照平面修改立剖面或者对照立面修改平面。由于各自的平立剖面所设计的数据之间相互独立，即使采用重复多次的对照制图的方式，难免会因为遗漏或者疏忽，出现平、立、剖面对不上的情况，而且工作重复，加大工作量。

（二）BIM 在该项目上可以解决的问题

其一是体现信息化模型的信息传递的效率优势。以 BIM 核心建筑模型作为载体，在专业内通过网络建立中心文件或者链接多个模型最后组装，允许多名设计者同时建立同一个模型，所有的各专业都可以在同一个模型上工作，在一个设计者修改自己的工作集的时候，其他人没有编辑的权限，这样就防止自己的图纸被他人任意修改。只要约定好存入中心文件的时间和替换链接模型的时间，文件及时更新，自动替换原有模型，不需要随时提醒设计者下载最新的文件数据，只要设计者是从中心文件读取的信息，就能够方便准确的拿到最新版的模型。

其二是可视化的协调效果。在 BIM 的状态下，各专业的协调是以三维立体空间的形式展开的。有计算机代替了大量的人工核定部分的工作，可视化三维效果更适合作为各专业的碰撞检验，更利于各专业发现问题、了解问题的所在，使矛盾一目了然，方便协调工作的开展，在三维的真实空间里控制该项目设计质量的几个关键点。比如消防系统，给排水管线穿结构梁，通风管道入口与电气桥架的碰撞、结构梁与建筑门窗的矛盾，综合管线的布置等。

最后是设计质量与参数化的修改。BIM 建筑协同设计与二维的简单文件参照不一样，同一元素构件，不需要重复的输入，就能使不同工种从自己专业的角度共享提取并使用操作这个元素构件。而且由于 BIM 参数化的设计，需要修改模型中的同个族的参数，其他都一起修改，这使得修改量比二维状态下减少得多，提高了工作的效率，减少重复的工作，节约时间。原有的二维模式下，共享无论建筑规模的大小，无论设计师是单做作业还是协同设计，各自平面、立面、剖面等数据之间没有联系各自独立，不可避免的出现各种维漏。BIM 的平面、立面、剖面相互关联，是由同一个模型导出生成的，既可以保证设计质量，又可以避免重复劳动。

（三）项目的特点及BIM的适应性

该项目为公共建筑，公共建筑的建筑功能多，对设备专业及管线综合的要求比较高；建筑空间多变，造成结构比较复杂；立面的形式丰富，就要求建筑内部空间与外部表皮保持一致。而且在施工图阶段，随着工程设计的深入，问题相互纠结繁杂，解决这些问题：首先需要工程信息传递及时准确，其次是协调各专业时，容易清楚的发现问题的所在，特别是能清楚地检查出管线之间、专业之间矛盾和碰撞的地方，以便协调工作的开展。最后是避免重复工作，控制设计质量。这三点在二维工作环境下都不能得到的解决，而BIM能适应这类公共建筑，并能很好的处理在施工图阶段的种种问题。

五、BIM在该项目上存在的问题

虽然BIM在该项目施工图阶段的适应性较好，但是在某设计院实施过程中还存在以下几个问题。

（一）BIM建筑信息模型的标准问题

有了统一的标准才能规范众人的行为，才能协调一致的一起工作，虽然BIM有三大国际标准，但是这个还是远远不够。BIM的发展需要制定国家的标准，制定一个可供审核的BIM标准是BIM建筑协同设计发展所需要的。企业也需要制定企业级的设计标准，包括BIM模板文件标准、设计行为标准、设计交付标准等等。

（二）软件的问题

1.REVIT软件术身难以创建复杂的曲面，建立该项目的建筑模型时，地下室转弯的坡道与直坡道连接不到位出现差错。

2.由于功能的不完善，但有些软件在数据流通上会存在一定的障碍。如REVIT与PKPM数据之间的接口问题。结构通过PKPM分析计算后，需要把数据人工输入REVIT中调整结构模型，而结构模型与各专业碰撞的结果，也需要重新输入PKPM，进行再一次的复核计算，这无疑会增加结构专业的工作量。

3.REVIT软件还不能绘制设备专业的系统图。

4.REVIT}软件在运行过程中，非常耗费计算机的资源，由于是三维的状态，运算速度非常受影响。

5.REVIT软件还没有木土化，某些地方不符合相关国家标准（计算标准、制图标准）。

传统的制图标准已经在工程师、施工单位间进行了多年的使用，作为外来版木的REVIT软件，有很多地方需要根据中国的情况进行再研发。所以该项目在B1M模型导入CAD后，需要在CAD中增加大量的内容才能正式出图。

（三）族的问题

某设计院没有族库的积累，所以该项目在建模的时候，远远没有达到施工图要求的精细程度。结构在搭接 7 层的钢析架屋面时候建模很困难，并且很难定义带配筋信息的构件族。建筑专业有些族是用软件自带的相似族代替的，与实际的效果存在一定的差距。设备专业的某些设备没有相应的族，只能留白，在后期 CAD 里添加。

（四）设计人员软件熟悉度的问题

这次的项目是以施工图阶段介入的，由于设计人员对软件熟悉度不够，出现图元突然消失，捕捉点不到位，显示错乱等等操作失误。虽然 BIM 技术能在信息互用、专业协同设计、参数化、可视化方面降低出错率、减少返工、提高生产效率，但是在另一方面却给设计人员带来很多额外的工作量，比如因为 BIM 技术的设计准确性，在三维的情况下发现很多二维设计时从来没有考虑过的问题。所以在 BIM 环境下，总共所需要花费的时间会远远超过在二维状态下的制图时间。

六、建议

（一）制定企业级的设计标准

企业也需要制定企业级的设计标准，主要有三方面的内容。

1. 资源标准。制定工作环境的导则。如计算机配置、软件连接与沟通、网络连接、建模标准规定等。此外，还需要制定一个族库的建立标准，BIM 的建模下要是以"族"作为支撑，族库的建立需要经过长时间多种项目的积累才能实现的，建立族库的建立标准是十分有必要的。

2. 设计行为标准。在设计过程中设计师需要遵守的标准：主要包括在设计过程中文件名的命名、性能分析优化规则、协同设计模式、模型信息、提取规定、模型拆分原则、分工原则等等。

3. 设计文件的最终交付标准。包括交付内容、交付方式等。制定一个设计院的设计的标准是个长期的过程，需要多年的项目经验的积累和 B1M 设计师的经验积累，不断磨合总结经验才能制定出来的，这次的项目的试验仅仅是个开始。

（二）转变设计人员设计思想与方法

从木次项目 BIM 协同设计应用的过程中，我们发现为了 BIM 技术更好的应用实施，首先设计人员要从设计思想的转变开始。设计思想从二维转向三维，需要注意不仅空间和墙、门、窗、楼板、吊顶这些构件也是三维化的，连房间及其名称，都是三维概念，均有自己的空间定位，需要设计人员不断地用参数定义这些三维的内容。其次在传统二维设计中很容易被忽略事实是平面、剖面都是具有深度的剖视图，在 BIM 设计中需要反复使用转换，如果不注意，出图要求无法保证。再次 BIM 转变工作的方式和流程。原有的二维设计与 BIM 设计的流程不相同，材料作法等细节，在二维设计的时候，往往在施工图阶段才会仔细的考量，但是在 BIM 设计的流程三维建模中，在准备阶段适度定量地介入，否则后期改动重新设置量会很大。同时布图与出图也最好提前介入，需要提前布置好图纸，在依次逐级深化，既保证了出图的完整性，也使工作更加合理。

（三）结合运用CAD与REVIT

目前 REVIT 软件存在着一定的问题，国内的相关国家制图、计算等的标准还是以二维状态为准，REVIT 软件族库不够丰富，设计人员软件操作不熟练，再加 __ 匕设计项目设计。的周期短，施工图阶段时间紧，任务重。不适宜在现阶段在某建筑设计院全面推广 BIM 技术，可以采用 CAD 与 REVIT 相结合的运用方式，扬长避短，从 CAD 逐步过渡到 BIM 技术。由于建筑专业接受三维 BIM 技术程度高，在 REVIT 软件内的技术障碍相较少，出图率也比较高。可以先从建筑专业入手，从方案阶段介入，逐步实现在建筑专业内部 BIM 协同设计应用，继而在推广到结构专业、设备专业。

（四）加强设计人员培训

从这次项目 BIM 协同设计应用的过程中，可以看出设计人员尽管参加了 REVIT 软件培训，但是在实战过程中，对 REVIT 软件操作熟练程度不够。REVIT 软件界面看似简单与 CAD 的界面类似，但是操作起来有很大的不同，特别是对工作集的操作，对显示隐藏等的操作，经常会出现图元莫名消失的情况，而且木来 REVIT 软件由于是三维制图的缘故，非常耗费计算机的资源，在运行过程中速度慢。再加上设计人员工作集的操作不熟练，计算机时常发生不工作的情况。所以需要加强设计人员的培训，需要在各种类型项目上的实战演练，尽管这对于某建筑设计院来说是十分耗费金钱、人力、物力的事情，但这却是 BIM 协同设计在建筑设计项目中推广应用所走的必经之路。

第六章　BIM 绿色建筑设计

第一节　绿色建筑及其设计理论

一、绿色建筑的概念

目前，在我国得到专业学术领域和政府、公众各层面上普遍认可的"绿色建筑"的概念是由建设部在 2006 年发布的《绿色建筑评价标准》中给出的定义，即"在建筑的生命周期内，最大限度地节约资源（节能、节地、节水、节材）、保护环境和减少污染，为人们提供健康、适用和高效的使用空间，与自然和谐共生的建筑"。

绿色建筑相对于传统建筑的特点：

1.绿色建筑相比于传统建筑，采用先进的绿色技术，使能耗大大降低。

2.绿色建筑注重建筑项目周围的生态系统，充分利用自然资源，光照、风向等，因此没有明确的建筑规则和模式。其开放性的布局较封闭的传统建筑布局有很大的差异。

3.绿色建筑因地制宜，就地取材。追求在不影响自然系统的健康发展下能够满足人们需求的可持续的建筑设计，从而节约资源，保护环境。

4.绿色建筑在整个生命周期中，都很注重环保可持续性。

二、绿色建筑设计原则

绿色建筑设计原则概括为地域性、自然性、高效节能性、健康性、经济性等原则。

（一）地域性原则

绿色建筑设计应该充分了解场地相关的自然地理要素、生态环境、气候要素、人文要素等方面。并对当地的建筑设计进行考察和学习，汲取当地建筑设计的优势，并结合当地的相关绿色评价标准、设计标准和技术导则，进行绿色建筑的设计。

（二）自然性原则

在绿色建筑设计时，应尽量保留或利用原本的地形、地貌、水系和植被等，减少对周围生态系统的破坏，并对受损害的生态环境进行修复或重建，在绿色建筑施工过程中，如有造成生态系统破坏的情况下，需要采用一些补偿技术，对生态系统进行修复。并且充分利用自然可再生能源，如光能、风能、地热能等。

（三）高效节能原则

在绿色建筑设计体形、体量、平面布局时，应根据日照、通风分析后，进行科学合理的布局，以减少能源的消耗。还有尽量采用可再生循环、新型节能材料，和高效的建筑设备等，以便降低资源的消耗，减少垃圾，保护环境。

（四）健康性原则

绿色建筑设计应全面考虑人体学的舒适要求，并对建筑室外环境的营造和室内环境进行调控，设计出对人心理健康有益的场所和氛围。

（五）经济原则

绿色建筑设计应该提出有利于成本控制的、具有经济效益的、可操作性的最优方案。并根据项目的经济条件和要求，在优先采用被动式技术前提下，完成主动式技术和被动式技术相结合。以使项目综合效益最大化。

三、绿色建筑设计目标

目前，对绿色建筑普遍认同的认知是，它不是一种建筑艺术流派，不是单纯的方法论，而是相关主体（包括业主、建筑师、政府、建造商、专家等）在社会、政治、文化、经济等背景因素下，试图进行的自然与社会和谐发展的建筑表达。

观念目标是绿色建筑设计时，要满足减少对周围环境和生态的影响；协调满足经济需求与保护生态环境之间的矛盾；满足人们社会、文化、心理需求等结合环境、经济、社会等多元素的综合目标。

评价目标是指在建筑设计、建造、运营过程中，建筑相关指标符合相应地区的绿色建筑评价体系要求，并获取评价标识。这是当前绿色建筑作为设计依据的目标。

四、绿色建筑设计策略

绿色建筑在设计之前要组建绿色建筑设计团队，聘请绿色建筑咨询顾问，并让绿色咨询顾问在项目前期策划阶段就参与到项目，并根据《绿色建筑评价标准》进行对绿色建筑的设计优化。如表6—1是项目设计与咨询团队的组建成员与其职责。

表 6-1　项目设计团队的主要成员及其职责

团队成员	成员职责
项目甲方	在项目初期，组建设计团队，并与绿色建筑咨询工程师、建筑设计师等主要设计人员积极讨论，确定项目定位及项目的绿色建筑设计任务
建筑设计师	建筑设计的核心成员，负责建筑方案设计，并协调组织设计团队成员的相关配合
结构、暖通、给排水、电气工程师	在项目设计初期阶段，相关专业的设计人员及机电顾问、结构优化顾问、消防顾问等应立即加入设计团队，与建筑设计师及其他成员共同讨论建筑设计方案
景观设计工程师	在项目设计初期阶段，应当立即加入设计团队，与其他成员共同讨论建筑设计方案，尤其应加强与建筑、给排水、雨水 / 中水厂家的沟通
室内设计工程师	再加入设计团队后，应积极与团队其他设计人员加强沟通，明确绿色建筑在室内装修中的各种要求
绿色建筑咨询工程师	在项目建筑设计方案确定后，如采取雨水收集、中水回用、太阳能热水等绿色建筑设计时，需及时联系相关厂家，沟通深化技术方案
专项技术厂家	在项目规划阶段，与甲方、建筑设计师等其他设计人员共同讨论绿色建筑设计目标，并依据项目情况制定项目的绿色建筑设计方案，并在后续设计过程中，切实指导协调各方完成设计目标
环境评估人员	在项目规划前期，环境影响评价等相关环境评估人员介入，参与到项目的场址选择中
工程造价师	建筑项目提供全过程造价的确定、控制和管理

绿色建筑设计策略如下：

（一）环境综合调研分析

绿色建筑的设计理念是与周围环境相融合，在设计前期就应该对项目场地的自然地理要素、气候要素、生态环境要素人工等要素进行调研分析，为设计师采用被动适宜的绿色建筑技术打下好的基础。

（二）节地与室外环境

绿色建筑在场地设计时，应该充分与场地地形相结合，随坡就势，减少没必要的土地平整，充分利用地下空间，结合地域自然地理条件合理进行建筑布局，节约土地。

（三）节能与能源利用

1.控制建筑体形系数

在以冬季采暖的北方建筑里，建筑体型系数越小建筑越节能，所以可以通过增大建筑体量、适当合理地增加建筑层数，或采用组合体体形来实现。

2.建筑围护结构节能

采用节能墙体、高效节能窗，减少室内外热交换率；采用种植屋面等屋面节能技术可以减少建筑空调等设备的能耗。

3.太阳能利用

绿色建筑太阳能利用分为被动式和主动式太阳能利用，被动式太阳能利用是通过建筑的合理朝向、窗户布置和吊顶来捕捉控制太阳能热量；而主动式太阳能利用是系统采用光伏发电板等设备来收集、储存太阳能来转化成电能。

4.风能的利用

绿色建筑风能利用也分为被动式和主动式风能利用，被动式风能利用是通过合理的建筑设计，使建筑内部有很好的室内室外通风；主动式风能利用是采用风力发电等设备。

5.进行建筑能耗模拟分析优化建筑设计。

（四）节水与水资源利用

1.节水

采用节水型供水系统，建筑循环水系统，安装建筑节水器具，如节水水龙头、节水型电气设备等来节约水资源。

2.水资源利用

采用雨水回收利用系统，进行雨水收集与利用。在建筑区域屋面、绿地、道路等地方铺设渗透性好的路砖，并建设园区的渗透井，配合渗透做法收集雨水并利用。

（五）节材与材料利用

采用节能环保型材料、采用工业、农业废弃料制成可循环再利用等材料

（六）室内环境质量

进行建筑的室内自然通风模拟、室内自然采光模拟、室内热环境模拟、室内噪声等分析模拟。根据模拟的分析结果进行建筑设计的优化与完善。

第二节　BIM 技术在绿色建筑设计中的方法

随着相关政策的发布如国务院印发《"十三五"节能减排综合工作方案》中，要求强化节能，大力发展绿色建筑。绿色建筑在我国发展迅猛，为了评判建筑是否达到绿色建筑的标准，我国和地方都发布的相应地区的绿色建筑评价标准。由于我国绿色建筑相对于国外的发展的还不成熟，所以在现阶段绿色设计上还存在一些问题。

一、绿色建筑设计存在的问题

（一）对绿色建筑设计理念的认识的薄弱

现阶段的绿色建筑设计由于项目的设计时间不充裕。缺少与绿色建筑咨询团队的沟通，并没有使绿色咨询团真正地参与到设计的每个阶段，尤其现在的很多绿色建筑，在设计前期还是采用传统的设计方法，并没有对场地气候、场地的地形、地况、场地风环境、声环境等影响绿色建筑设计的自然因素进行科学有利的分析，只是按着设计师自己的经验进行前期设计，这导致绿色建筑的设计"节能"的理念没有从开始就进入到项目中，没有从根本上解决技术与建筑的冲突，而且现在绿色评估，和性能模拟也是等到设计完成后在进行，并没有对设计形成指导性的作用。

当绿色建筑评选星级时，建筑可以依据合理地自然采光、自然通风达到评分要求时，也可以选择通过高性能的机电设备达到评分要求时，很多项目往往采用后者，花费大量成本使用高价的设备，这个现象造成的主要原因是设计人员缺乏对绿色建筑适宜性技术的理解，缺少对项目环境的分析和与绿色建筑咨询团队的密切沟通。

（二）全生命期内绿色建筑信息缺失

绿色建筑的理念注重全生命期，一个优秀的绿色建筑项目，不仅要在设计中应用到的绿色设计技术，还应该把产生的绿色建筑的设计信息数据传递下去，好使这些设计信息数据指导以后的施工以及项目的运营维护。而现阶段的绿色建筑项目越来越复杂化，设计的图纸信息很难从众多的二维图纸提取有效的绿色建筑信息数据并一直保存到绿色建筑的运营阶段。在绿色建筑施工阶段审查时发现，许多的绿色建筑设计信息得不到实现，少数得以实现的设计也因为人员缺乏对资料数据保管意识的薄弱，和参与项目专业众多性，数据得不到统一的交付，导致绿色建筑在全生命期内信息的缺失。

二、BIM 技术在绿色建筑设计中应用的优势

针对绿色建筑设计存在的问题，结合 BIM 技术的特点，利用 BIM 技术解决绿色建筑设计中的问题，优化绿色建筑设计。

（一）协同设计

绿色建筑是一个跨学科，跨阶段的综合性设计过程，绿色建筑项目在设计过程中，需要业主、建筑师、绿建咨询师、结构师、暖通工程师、给水工程师、室内设计师、景观工程师等各专业的参与和及时的沟通。以便大家在项目中统一综合一个绿色节能的设计理念，注重建筑的内外系统关系，通过共享的 BIM 模型，随时的跟踪方案的修改，让各个专业参与项目的始终，并注重各个专业的系统内部关联，如安装新型节能窗，保温性能比常规窗的高，在夏天有遮阳通风等功能，这时就需联系设备专业，让设备工程师减少安装空调等设备。以降低能源消耗，BIM 技术协同设计的优势，解决了绿色建筑咨询团队与各参与方之间沟通的问题，提高对绿色建筑的认识，并使项目各个参与方随时跟进了解项目，以达到更好的绿色建筑项目的产生。

（二）性能分析方案对比

常规的绿色建筑的性能分析模拟，必须由专业的技术人员来操作使用这些软件并手工输入相关数据，而且使用不同的性能分析软件时，需要重新建模进行分析，当设计方案需要修改时，会造成原本耗时的数据录入重新校对，模型重新建模。这样就浪费了大量的人力物力。这也是导致现在绿色建筑性能模拟通常在施工图设计阶段，成为一种象征性工作的原因。

而利用 BIM 技术，就能很好地解决这个问题，因为建筑师在设计过程中，BIM 模型就已经存入大量的设计信息，包括几何信息、构件属性、材料性能等。所以性能模拟时可以不用重新建模，只需要把 BIM 模型转换到性能模拟分析常用的 gxml 格式，就可以得到相应的分析结果，这样就大大降低性能模拟分析的时间。

其次，通过对场地环境、气候等的分析和模拟，让建筑师理性科学地进行场地的设计，提出与周围环境和谐共生的绿色项目。在方案对比时，利用 BIM 建立体量模型，在设计前期对建筑场地进行风环境、声环境等模拟分析，对不同建筑体量进行能耗的模拟，最终选定最优方案，在初步设计时，再次性能模拟对最优方案进行深化，以实现绿色建筑的设计目的。

（三）全生命期建筑模型信息完整传递

绿色建筑与 BIM 均注重建筑全生命期的概念。BIM 技术信息完备性的特点使 BIM 模型包含了全生命期中所有的信息，并保证了信息的准确性。利用 BIM 技术可以有效地解

决传统的绿色建筑信息冗繁，信息传递率低等问题。BIM模型承载着绿色建筑设计的数据，施工要求的材料、设备系统和建筑材料的属性、设备系统的厂家等信息。完整的信息传递到运营阶段，使业主更全面的了解项目，从而进行科学节能的运营管理。

三、基于 BIM 的绿色建筑设计方法

基于 BIM 平台进行绿色建筑设计，可以参照传统的设计流程，对绿色建筑设计流程进行规范，并使绿色建筑设计理念加入每个设计环节，使之成为可以在设计院实际操作的工作方法和工作流程。

首先，建立绿色建筑设计团队，由于绿色建筑包含专业较为广泛，所以应该在建筑、结构、电气、设备等专业团队的基础上，增设规划、经济、景观、环境绿建咨询等专业人员。绿色建筑团队扩建后，还要在此基础上进行 BIM 团队的整合，开始要指定专门的人为 BIM 经理，这就要求绿色建筑项目的 BIM 经理应该是对 BIM 技术及整个建筑绿色设计、施工、运行全面了解的人。他应带领 BIM 建模人员、BIM 分析员、BIM 咨询师和绿建设计团队，进行绿建项目整体工作内容的编制。

1. 确定建设项目的目标，包括绿色建筑项目建成后的评价等级，搭建 BIM 交流平台让各参与方探讨研究项目的定位，统一形成共同的设计理念。

2. 制定工作流程，在 BIM 经理的带动下，指定实际的负责项目的工程师设计 BIM 模型，并确定不同的 BIM 应用之间的顺序和相互关系，让所有团队成员都知道了解各自的工作流程和与其他团队工作流程之间的关系。

3. 制定建立模型过程中的各种不同信息的交换要求，定义不同参与方之间的信息交换要求，使每个信息创建者和信息接受者之间必须非常清楚地了解信息交换的内容、标准和要求。

4. 确定实施在 BIM 技术下的软件硬件方案，确定 BIM 技术的范围，BIM 模型的详细程度。

5. 确保绿建设计团队在设计每个阶段的介入，保证对绿色建筑项目以绿色建筑评价标准的要求进行指导和优化。

因为现有的绿色建筑设计导则和评价标准的条文分类大部分是按建筑、结构、电气、设备等的专业体系分或者是按照"四节一环保"的绿色建筑体系进行分类，缺少以项目时间纵向维度为标准的分类，作者参考传统设计的时间流程也把绿色建筑设计分为设计前期阶段、方案设计阶段、初步设计阶段、施工图设计阶段四个阶段，并结合各阶段的 BIM 应用点绘制了下图 6—1，作为基于 BIM 技术在绿色建筑设计中的应用工作流程。这样保证了绿色建筑设计理念在整个设计过程中的使用。使设计人员简单了解作为参考工作流程。

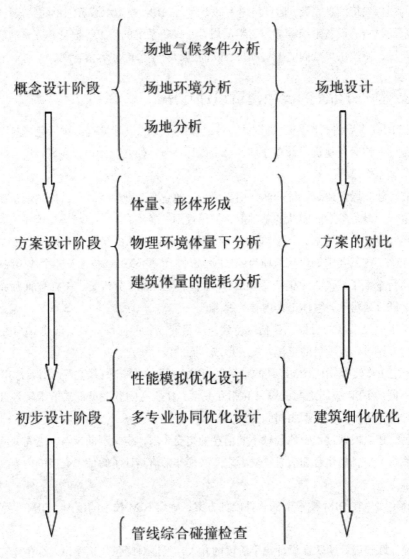

图 6-1 基于 BIM 技术在绿色建筑设计中的应用工作流程

第三节 BIM 技术在绿色建筑设计前期阶段应用

一、绿色建筑设计前期阶段 BIM 应用点

传统建筑的前期设计一般由建筑师们的经验积累做指导，而绿色建筑在设计前期阶段，为了达成《绿建标准》的要求，需要综合考虑和密切结合地域气候条件和场地环境，了解

绿色建筑设计相关的自然地理要素、生态环境、气候要素、人文要素等方面。为绿色建筑的场地设计做好基础，为优先被动设计技术做好预备。

自然地理要素包括地理位置、地质、水文以及项目场地的大小、形状等。

生态环境要素包括场地周边的生态环境包含场地周边的植物群落，本土植被类型与特征等、场地周边污染状况以及场地周边的噪声等情况。

人工要素包括周边的已有建筑、场地周边交通情况以及场地周边市政设施情况。

气候要素包括项目所在地的气候；太阳辐射条件和日照情况；空气温度包含冬夏最冷月和最热月的平均气温，和城市的热岛效应；空气湿度包含空气的含湿量等以及气压与风向。

绿色建筑设计师通过了解这些要素并综合分析，进行场地设计时应尽量保留场地地形，地貌特色，充分利用原有场地的自然条件，顺应场地地形，避免对场地地形、地貌进行大幅度地改造，尽可能保护建筑场地原有的生态环境，并尽最大努力改善和修复原有生态环境，使项目融入原有生态环境，减少对地形植被的破坏。为此在绿色建筑设计前期阶段，我们可以采用 BIM 技术进行场地气候环境分析，这样能为设计师更加科学地选出项目的最佳朝向，最佳布置做出良好的基础。对于场地的自然地理要素、生态环境要素、人文要素等，我们可以采用 BIM 技术进行场地建模，场地分析，场地设计。因为传统的基地分析会存在许多的不足，而通过 BIM 结合地理信息系统（GIS），可以对场地地形及拟建建筑空间、环境进行建模，这样可以快速地得出科学性的分析结果，帮助建筑设计师本着绿色建筑节约土地，保护环境，减少环境破坏，甚至修复生态环境的原则，做出最理想的场地规划、交通流线组织和建筑布局等，最大限度地节约土地。

二、BIM 技术在绿色建筑设计前期的应用策略

（一）场地气候环境

通过对建筑场地气候的分析，建筑师充分了解地气候条件后，以此来考虑绿色建筑的适宜性设计技术。

在绿色建筑设计前期阶段，对场地气候进行分析，可以使用 BIM 软件 Ecotect Analysis 中的 Weather Tool，它可以将气象数据的二维数字信息转化成图像，从而帮助建筑师可视化地了解场地的相关气象信息，也可以将气象数据转换在焓湿图中，通过焓湿图可以让建筑师直观地了解到当地的热舒适性区域，并根据焓湿图分析各样的基本被动式设计技术对热舒适的影响。对于太阳辐射的分析也可以通过 Weather Tool 来模拟得到场地地域的各朝向的全年太阳辐射情况；并根据全年内过热期和过冷期太阳辐射得热量计算项目的相对最佳建筑朝向 08}。通过软件的分析，长春地区最佳朝向是南偏东 30° 南偏西 10°。适宜朝向南偏东 45° 南偏西 45°，不宜朝向北、东北、西北。

（二）场地设计

场地设计的目的是通过设计，使场地的建筑物与周围的环境要素形成一个有机的整体，并使场地的利用达到最佳的状态，从而充分地发挥最大的效益，以达到绿色建筑节约土地的目的。传统的建筑场地设计大多是设计师依据自己的经验和对场地的理解进行设计，但场地设计涉及很多要素，人工分析还是会有很大的困难。但应用 BIM 技术可以解决传统设计的不足，首先用 BIM 技术进行场地模型，并在场地模型基础上进行场地分析，进而就可以进行科学理性的场地设计。

1. 场地建模

场地模型通常以数字地形模型（Digital Terrain Model，DTM）表达。BIM 模型是以三维数字转换技术为基础的，因此，利用 BIM 技术进行场地模型，数字地形高程属性是必不可少的，所以首先要创建场地的数字高程模型（Digital Elevision Model，DEM）。

建立场地模型的数据来源有多种，常用的方式包括地图矢量化采集、地面人工测绘、航空航天影像测量三种。随着基础地理信息资源的普及，可免费获取的 DEM 地形数据越来越多，即使无法直接获得 DEM 模型，但有地形的基础数据，非数字化，三维化的地形资料，我们可以通用的软件 Revit、Civil 3D 等 BIM 软件创建场地地形模型，以 Revit 场地建模为例，首先，设置"绝对标高"的数值，然后导入 DWG 或 DGN 等格式的三维等高线数据，最后通过点文件导入的方式创建地形表面。

当无法获取 DEM 数据或获得的时效性差，需要获取周围现有建筑，周围植物密度、树形、溪流宽窄等以上三种情况时，需要自行获取地形数据。目前，采用无人机扫描和无人机摄影测量两种方式，它们主要通过扫描和摄影，结合全站仪和测量型 GPS 给出的坐标控制点，把这些导入软件并进行处理形成 DEM。对现有周围建筑物，可采用地面激光扫描建模和无人机测绘建模，地面激光扫描是通过基站式扫描仪在水平和仰视角度接收和计算目标的坐标形成测绘，无人机测绘建模是多角度围绕拍摄定点合成建筑外形。

2. 场地分析

项目场地大多数是不平整的，场地分析的重要内容是高程和坡度分析。利用 BIM 场地模型，我们可以快速实现场地的高程分析、坡度分析、朝向分析、排水分析，从而尽量地选择较为平坦、采光良好、满足防洪和排水要求的场地进行合理规划布局，为建设和使用项目创造便利的条件。

（1）高程分析可以使用 BIM 软件 Civil 3D，在软件中首先在地形曲面的曲面特性对话框"分析"中设定高程分析条件、高程分析的最值、高程分析的分组数，即可得到高程分析结果。通过高程分析，设计师可以全面掌握场地的高程变化、高程差等情况。通过高程分析也可为项目的整体布局提供决策依据，以便满足建筑周边的交通要求、高程要求、视野要求和有防洪要求。

（2）坡度分析是按一定的坡度分类标准，将场地划分为不同的区域，并用相应的图例表示出来，直观地反映场地内坡度的陡与缓，以及坡度变化情况。在 Civil 3D 软件分析结果有不同颜色，或具体颜色坡度箭头两种表示方法。

表 6-2　坡度对施工的影响表

坡度	施工影响
坡度＞25%	不利于施工，且容易产生水土流失
坡度＞10%	建筑室外活动受一定限制
5%＜坡度 ≤10%	能够进行一般的户外活动，施工不会有较大困难
坡度 ≤5%	理想施工场地，适合大多数户外活动，施工容易

（3）朝向分析是根据场地坡向的不同，将场地划分为不同的朝向区域，并用不同的图例表示，为场地内建筑采光、间距设置、遮阳防晒等设计提供依据的过程。使用 Civil 3D 软件，设定朝向分组，把设定的朝向分析主题应用到场地模型，即可得到场地朝向分析结果。

（4）排水分析，在坡地条件下，主要分析地表水的流向，做出地面分水线和汇水线，并作为场地地表排水及管理埋设依据。使用 Civil 3D 软件，首先在地形曲面特性对话框"分析"标签页设定最小平均深度，并设置分水线、汇水线、汇水区域等要素颜色，并运行分析功能，并在地形模型中显示分析结果。

3. 场地平整

场地平整是对要拟建建筑物的场地进行平整，使其达到最佳的使用状态，场地平整是场地处理的重要内容。平整场地应该坚持尽量减少开挖和回填的土方量，尽量不影响自然排水方式，尽量减少对场地地形和原有植被的破坏等原则进行。BIM 技术的场地平整是基于三维场地模型进行的，使用 Revit 软件进行场地平整，首先在现有地形表面创建平整区域，然后在平整区域设置高程点，完成后的地形表面会和原地形表面重叠显示，使用 BIM 技术进行平整场地，可以进行多方案设计，因为可以直接得到精准的施工土方量，所以使设计师更加科学的选取最优方案，减少土方施工。

4. 道路布设

道路是建筑内部的联系，在道路设计时尤其是复杂地形的项目，除了要满足横断面的配置要求，符合消防及疏散的安全要求，达到便捷流畅的使用要求外，还需要考虑与场地标高的衔接问题。而在 BIM 的 Power Civil 软件中场地道路设计就能够依照设计标高自动生成道路曲面，实现平面、纵断面、横断面和模型协调设计，具有动态更新特性，从而帮助设计师进行快速设计、分析、建模，方便设计师探讨不同的方案和设计条件，摆脱传统设计过程中繁多琐碎的画图工作，从而为高效地设计场地道路选出最佳方案。

第四节　BIM 技术在绿色建筑方案设计阶段的应用

一、绿色建筑设计前期阶段 BIM 应用点

在绿色建筑方案设计阶段,设计师应合理结合场地的地形、地貌进行日照、通风等分析,合理的使用被动式设计进行体型设计和建筑布局规划。其实被动设计体型设计和建筑布局规划就是要处理好日照和通风的关系, 合理的建筑体型设计与建筑布局规划可以达到绿色建筑节料, 节地, 节能的目的。设计师还需要对形成的概念方案进行初步的生态模拟和能耗分析,从而让设计师从环境影响的角度并结合绿色建筑咨询团队,选择对比最优方案。

近年来, 我国许多标志性复杂建筑都按照绿色建筑的目标来建设的, 所以这些大型建筑的外形很复杂, 对于传统的二维设计存在很大的工作量。而使用 BIM 技术进行初步的建筑体量和建筑体形的概念设计, 就会快速地完成设计, 减少工作时间。针对建筑的布局规划, 结合设计前期的场地分析和设计, 使用 BIM 技术进行日照和通风模拟, 来设计建筑的朝向和建筑间距, 最终选出最佳建筑布局。

对于方案的对比,我们借助 BIM 技术对模型进行初步能耗模拟、性能分析对比方案,并与绿色建筑专家、能源咨询师、设备工程师等协助优化分析选出最优建筑方案,使之成为真正的绿色建筑。

二、BIM 技术在绿色建筑方案设计阶段的应用策略

(一)建筑体型设计

随着社会经济的不断发展,人们对建筑外形的要求不单单是简洁的方形体,人们要求建筑即实用又美观,甚至要求建筑具有一些精神象征或希望建筑物能成为一种标识。就像北京奥运会的体育馆—鸟巢等形体复杂标识性很强的建筑。而像这些外形复杂的建筑我们不但要考虑建筑形体的合理性,内部结构的实用性,而且还要考虑通过设计建筑体型,来达到建筑节能的目的。这时我们就需要借助 BIM 技术的参数化设计和可视化设计快速地进行概念建模。

在 Revit 软件中有参数化设计功能—自适应功能。这个功能是在自适应组里根据若干个点进行构件的定位和建模,载入其他构件组后。按顺序拾取目标点, 便可将原来的指定点逐一对应到目标点, 同时形体主动适应新的几何构件。在一些参数的控制下, 自适族可以做出具有规律性的体量或表皮效果;甚至可以叠加参数的变化,得出出乎意料的复杂结果。参数化设计的优点就是借助参数进行对形体的描述快速高效的建模,并对模型进行可

变参数修改时，系统能够自动保持所有的不变参数，保证信息的协调性。因此大大提高了设计工作效率。

可视化设计可以随意变换角度观察，视点既可以是室内也可以室外，既可以是的一点透视，也可以鸟瞰全面地把握建筑的整体效果。除了整体效果以外，BIM 模型可以方便地进行局部的观察，给方案细节的设计与调整带来了极大的方便。在 Revit 软件中提供了一个称为"设计选项"的功能，可以在同一个主体模型里，对局部进行多个方案的设计，不同的方案归于不同的"设计选项"即可互不打扰，也可以随时切换进行对比。为设计师带来了极大的方便。

（二）总平面布局

在建筑设计的前期，我们进行了场地分析和周围环境的调研，对于建筑的总平面布局，应结合设计前期通过 BIM 技术场地的分析和场地环境等数据，进一步通过 BIM 技术的日照和通风模拟，科学有效地进行设计建筑的朝向和建筑间距，实现建筑的总体布局。如图6-2 是总平面布局设计路线图。

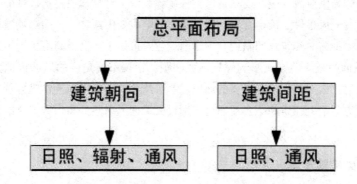

图 6-2 场地总平面布局的影响因素

1．朝向

场地的地理环境、场地条件及场地气候特征等都是建筑朝向的影响因素，其中日照、通风、热辐射是影响建筑朝向的主要气候因素，选择好建筑朝向是建筑节能的前提。而在项目设计前期阶段我们利用 BIM 技术，很科学地分析项目场地的气候条件。接下来应该根据前期场地气候数据，再结合日照、通风、热辐射等分析确定建筑最佳朝向。

设计师还可以根据日照分析，充分考虑利用太阳能，进行太阳能主动和被动设计。以达到绿色节能的目的。

对于通风分析，室内良好的热舒适度一般由合理、适宜的建筑通风决定的，所以设计建筑朝向时，要尤其考虑建筑朝向与夏季主导风向的关系，以便于室内穿堂风的组织与利用。通过 Ecotect 气候工具 Weather Tool 可以分析项目地区的冬、夏季的主导风向。

对于热辐射分析，蓝色的曲线表示严寒冬季的太阳辐射情况，红色的曲线则表示炎热夏季各个方向的太阳辐射状况，绿色的曲线表示全部方向的太阳辐射年平均值。

建筑的最佳朝向是既要在冬季有较长日照的时间，也要在夏季避免过多的日照，还要达到有利于建筑自然通风的要求来确定的。根据综合模拟得到长春地区最佳朝向是南偏东30°南偏西10°。适宜朝向南偏东45°南偏西45°，不宜朝向北、东北、西北，但是具体项目还要结合场地环境进行具体分析。同时我们还需要利用BIM技术进行能耗分析，对比多个方案的能耗，不断改善优化设计。

2. 间距

（1）利用阴影范围确定间距

利用Ecotect中的"阴影范围"功能，就可以分析特定时间段内建筑的阴影分区特点以及变化规律，Ecotect作为分析建筑日照间距的最常用工具，阴影范围是指定时间间隔在当日各个时间段的阴影变化范围，通过改变时间，可以实现阴影范围的自动更新。通过对方案体量的模型进行日照模拟分析，可以很直观形象地观察到每个时间点的阴影，从而确定建筑间距，节约土地。

（2）利用通风分析确定建筑间距

创造良好的通风对流环境，建立自然空气循环系统，这是绿色建筑设计的一个重要体现。拥有良好的通风条件是确定合理的建筑间距影响重要因素之一，而影响通风环境最大的是处在迎风面的前面建筑物的阻挡。由于前面建筑形体（宽度、高度）的不同，从而会影响建筑背风面的漩涡范围，影响建筑通风间距。根据不同角度的风向模拟，可以得出90°的风向入射角最不利于外部环境的通风。为了给建筑室内通风提供良好的条件，设计师应沿其气流方向增大建筑间距，或通过采用较大风向入射角的布局方式来改善自然通风的效果。

（三）建筑性能模拟分析

在绿色建筑方案设计阶段生态性能模拟对设计建筑体型和建筑平面总布也会起到辅助作用。对于复杂外形的建筑如上海中心大厦，为了选出合理化设计角度，设计师对不同旋转角度模型做了风模拟，最终选出抗风荷载最大，安全系数最高的外形旋转角度。建筑生态性能模拟分析是实现绿色建筑节能的重要手段，所以实现绿色建筑方案阶段的节能设计，要重视模拟分析与设计过程的反馈，从而为建筑方案设计提供帮助。在对比方案时，设计师可以对不同方案进行场地及环境、场地噪声、初步的能耗模拟等分析，来选取最优方案。

1. 场地风环境模拟

场地风环境模拟分析是为了项目得到有效的室外风环境。结合绿色建筑评价标准的通风要求，调整设计建筑群的总布局，从而获得良好的风环境。

场地风环境模拟一般采用CFD仿真工具，CFD仿真分析所反映的自然风气流密度、气流主导方向、最大流速点等信息可为建筑合理间距、建筑造型、朝向、布局等方面提供合理科学地优化依据，为园区参与绿色建筑评估提供技术论证，确保行人活动区风速V < 5m/s。

2. 场地噪声模拟

声环境是建筑物理环境的一个重要组成部分。场地声环境的主要研究是建筑工地环境噪声源的控制和改进。当今越来越多的人意识到居住区的噪声的危害。相比于传统的场地噪声实时检测，现有的计算机声环境预测模拟分析技术，就要简单方便得多。目前，场地噪声模拟采用 Cadna/A 软件。

3. 能耗模拟

能耗模拟是基于传热的基本理论针对建筑进行全年逐时仿真模拟预测，建筑的能源消耗一般来说，全年的能耗是评价建筑性能的一个非常重要的宏观指标，它可以直观地针对设计进行比较。在我国和很多国家的节能标准中，通过以设计建筑与基准建筑的能耗比值作为法定节能评价指标，我国节能标准中常常提到权衡设计实际上就是一种能耗模拟，能耗模拟软件常用的是工 ES。进行能耗模拟首先建立包含封闭空间的模型，并输入围护结构、房间温度和机电系统的数据信息，然后以 gbXML 格式导出模型，在能耗模拟软件中如工 ES，导入模型进行初步的模拟分析。

第五节　BIM 技术在绿色建筑初步设计阶段的应用

一、绿色建筑初步设计阶段的 BIM 应用点

绿色建筑初步设计阶段是在方案设计的基础上开展的技术方案细化的过程，主要任务是完成各个专业系统方案的深化设计，并在 BIM 平台进行各专业的协同设计。

在绿色建筑初步设计阶段，围绕方案的深化过程，BIM 技术最主要的应用是随设计的深化逐步展开细节的性能模拟，然后根据性能模拟结果进行优化的过程，包括以下两方面：

通过风环境模拟、光仿真模拟、热模拟、声仿真模拟对建筑群体布局和建筑单体形式进行再次优化。

通过对室内空间光环境和风环境的模拟对室内环境进行模拟优化，使建筑室内达到良好的空间舒适度，及时发现问题，在专业型之前调整空间布局或者优化局部构造。

二、BIM 技术在绿色建筑初步设计阶段的应用策略

在绿色建筑初步设计阶段，设计师一方面应充分考虑建筑空间为各种活动提供恰当功能，达到使用性能的最优化，尽可能消除微环境使用性能的不利因素；另一方面则应充分考虑所涉及的外界自然环境影响的性能因素，从气流（室外风、室内风、和人工器流组织）光、热、声、能源多个方面综合考虑其自然能源利用的最大化，常规能源节约的最大化等方面优化设计方案，充分改善建筑的设计性育旨。

借助 BIM 技术进行模拟项目建成后的风、光（采光、可视度）、热（温度、辐射量、日照）、声（声效、噪声）、能源（能耗、资源消耗）的外界条件，通过性能仿真模拟，可以提前检验项目方案实际使用性能，并分析评估建成后的预期运行效果，采取必要的技术措施来调整优化建筑设计，从而达到最大限度优化设计方案，使建筑达到绿色建筑评价等级的目标。

（一）风环境模拟分析与优化。

在初步设计阶段，自然通风模拟采用 CFD 软件中 Fluent，SAR—CCM+，Phoenics 等，自然通风模拟是从室外风环境模拟提取风压数据，然后在 BIM 软件中导出进行的通风分析的室内模型，模型的格式为 SAT 或 STL。其次在 SAR—CCM+ 等 CFD 软件导入 BIM 室内模型、划分计算网络并指定开口风压数据，如果考虑热压的作用，需要同时设置温度、辐射、围护结构热工等参数。最后是设置 K—E 湍流模型及相应的收敛条件，设置所有的条件后就可以进行模拟。

通过对自然通风的模拟，保证达到《绿标》"主要功能房间换气次数不低于每小时 2 次"的要求，并通过自然通风模拟对房间的进深进行优化设计。

（二）光仿真分析优化

城市居民每天 80% 至 90% 的时间都是在各种室内环境中度过的，光环境不但可以直接影响到人的工作与居住生活，还会严重影响人类的身心健康。初步设计阶段的光仿真分析一般包括自然光模拟分析和可视度分析。

1. 自然光模拟分析

自然采光是建筑中最重要影响因素之一，拥有良好的自然采光条件，可以获得更好的使用舒适度，并且能减少一些不必要的照明和空调能耗。除此之外，自然采光也是建筑艺术创作的重要手段，它可以起到塑造空间的作用。在建筑建成之前，采用自然光模拟，分析方案的室内自然采光效果，通过调整建筑布局，饰面材料、围护结构的可见光透射比，进而优化建筑室内布局设计，从而打造出舒适的减少能耗的居住、办公环境。

自然采光模拟常用 Ecotect Analysis 软件，其软件的应用流程是首先导出 BIM 软件的 gbXML 格式的模型文件，其模型文件包含了材质以及地理位置等一系列的信息和数据；然后需要设置工作平面位置、天空模型和分析指标类型；最后展开模拟计算。另外，需要注意的是，建筑周围的遮挡物在自然采光模拟中是需要考虑的，否则将会导致模拟结果的偏差。为了达到良好的室内采光，可以优化房间的进深，原则上房间的进深越小，建筑的自然采光越好。建筑室内净高越高，建筑的自然采光越好，所以在不影响建筑室内空间的合理使用的前提下，设计师应尽可能地减少建筑房间进深或加大房间净高，提高建筑的自然采光程度，降低建筑的能耗。

2. 可视度分析

可视度分析在绿色建筑初步设计阶段主要用作重要建筑物所处区位的可视面积进行定量计算，为重要建筑物在总平面上的布局合理间距提供技术优化分析；可视度分析也能对建筑内部向室外或者其他区域的可视情况进行分析，计算可视面积，确定室内对室外或其他区域的可视视野，改善使用者的视觉体验。

利用光环境仿真模拟可以得出建筑空间内部的等照度云图、自然光采光系数分布云图，其直观的分析结果为建筑物的自然采光提供优化技术措施，最大限度利用自然光采光，减少人工照明，保证室内照度分布的均匀性，确定开窗的形式写窗口尺寸和比例，营造良好的室内光环境气氛。配合灯具性能的参数设定，能优化人工照明设计方案，最大限度节约资源，减少眩光等不益的光照。

（三）热模拟分析优化

根据研究表明，夏季温度每增加1℃，或冬季每降低1℃，电量的消耗就会增加6%～10%，所以良好的建筑热环境会降低能耗，节约能源。

绿色建筑初步设计阶段的热仿真分析主要包括建筑表面温度分析，表面日照辐射量分析，日照时间分析。在初步设计阶段热模拟主要用于对于总平面布局以及建筑遮阳、保安保温方案等进行优化，减少"热岛"效应，改善室内热舒适度。通常使用 Autodesk Ecotect Analysis、Ansys Fluent，清华日照分析等软件。

日照分析侧重分析建筑群组之间相互影响和遮挡的适宜关系，居住区的规划设计对室内日照有较明确要求，日照分析可以模拟得出的建筑全年时间内任意时间的全天日照总时数、生成日照时间分布图，可用于确定建筑布局及合理间距，从而最大限度地节约土地，避免不合理遮挡。

当规划设计有更高的性能要求，如需要测算整个建筑群的太阳辐射量、温度分布等情况时，采用太阳辐射仿真分析得出太阳辐射量分布云图、温度分布云图、太阳运行轨迹分析图等结果能够为规划设计优化，直观展示建筑的遮挡和投影关系，单体建筑遮阳，为建筑合理布局提供优化技术措施。

（四）声仿真分析

建筑声环境不仅为人们提供安静舒适的生活、学习和工作条件，还为人们上课、开会、参加音乐会等活动提供高质量的声学效果。相关的研究涉及隔声、吸声、消声、隔振、噪声控制、厅堂音质等领域。

在初步设计阶段，声仿真分析主要是在建筑群组受周围交通道路影响，人群嘈杂影响等噪声的环境条件下，模拟建筑几何表面的噪声分布及建筑形成的园区内部的噪声分布，通过噪声线图、声强线图等模拟结果，可为建筑物布局的合理性，建筑物间距确定，隔声屏障设置等提供科学的设计分析依据，为优化规划设计提供指导。主要的模拟软件包括 Cadna/A，Sound PLAN 等。

（五）能耗仿真分析

在初步设计阶段，建筑方案几何形状、总平面布置朝向、遮阳系统、节能材料的使用等都会影响其能源的消耗，设计师根据这些基础数据建立建筑能源消耗分析模型，通过调整仿真模型的建筑造型、布局朝向、遮阳、窗墙比、围护结构等参数、节能材料的类别，能够快速比对方案的全年运行能耗，起到优化单体建筑设计、节约能源、降低资源消耗，减少二氧化碳的排放的指导作用。主要仿真软件有 Energy Plus，Design Builder 等。

第六节　BIM 技术在绿色建筑施工图设计阶段的应用

一、绿色建筑施工图设计阶段的 BIM 应用点

绿色建筑在施工图设计阶段，主要的设计内容是以 BIM 建筑信息模型作为设计信息的载体，综合建筑、结构、设备等各个专业，协同深化设计，相互校对，尤其是借助 BIM 技术管线的综合与冲突检查，这样能有效避免施工时管线的碰撞，返工、浪费施工时间等问题，从绿色建筑的设计理念角度来看，也节约了建筑的材料，为绿色施工做出了良好的指导性作用。

针对大型化复杂化的绿色项目，使用 BIM 技术在施工图设计阶段进行管线综合和冲突检查比传统二维设计有巨大的优势。

（一）设计可视化

BIM 信息模型涵盖了项目的物理、几何、功能等信息，可视化可以直接从 BIM 模型中提取信息，并且可视化模型可以随着 BIM 设计的改变而改变，保证可视化与设计化的一致性。在管线综合布置中，利用可视化设计的设计优势可以对管线的定位标高明确的标注，并且直观地看出楼层的高度分布情况，发现二维中难以发现的问题，间接的达到优化设计，控制了碰撞现象的增多。进行直观合理地设备管道排布，减少专业管线间的冲突。

（二）管线综合和冲突检查

BIM 技术在管线综合设计时，利用其碰撞检测的功能，彻底的检查各专业之间所有的碰撞冲突问题，并及时反馈给设计人员、业主与专家，使他们能够及时地协调沟通，进行调整，及时消除项目中所有的碰撞问题。

（三）可出图性与参数化设计

BIM 技术的可出图性表现在建筑或机电所有的三维模型的任何需要的地方，进行剖切，生成大样图并调整位置关系，导出最终的二维施工图。当建筑有修改时，相比于传统的二维设计，借助 BIM 技术参数化技术修改更为方便。

（四）辅助工程算量

因为BIM模型是一个数据信息集成的模型，BIM软件自身具备明细表统计功能，它会把材料、构建模型进行汇总、筛选、排列，建立与工程造价信息的对应关系，辅助替代一些算量的工作。

二、BIM技术在绿色建筑施工图设计中的应用策略

管线综合布置是将建筑空间内各专业管线、设备在图纸文件或模型中，根据不同专业管线的施工安装要求、功能要求、运营维护要求等，兼顾建筑结构设计和室内设计的限制条件，对管线与设备进行统筹布置的过程。随着社会的发展，现代的建筑为了满足人们更高的生活需求，需要水、电、空调等设备管道，随着互联网的发展，智慧城市的建设，网络、监控等智能化系统管道也口增多，在有限的空间中，管线越来越多。采用传统的二维设计，仅靠二维平面图很难精确的表达，这样就会容易产生碰撞，到施工时会影响到施工进度，浪费时间，影响项目成本。修改时缺少直观、有效的联动方式，加大了修改时间，拖延设计，而BIM技术为管线综合布置提供了便利。运用三维可视化在真实尺寸的模拟空间建立真实尺寸的管线，并与其他专业协同设计，相互避让，避免管线间与邻近构件相互干扰，解决可能碰撞等问题。

碰撞检查分析软件以Autodesk Navisworks Manage为主，使用Autodesk Navisworks Manage可以很好地解决传统二维设计下无法避免的错、漏、碰、撞等现象。根据碰撞检测报告，对管线进行调整。从而满足设计施工规范、体现设计意图、符合业主和维护检修空间的要求，使得最终模型显示为零碰撞。在查看碰撞时设置碰撞项目的高光颜色，并可以按照碰撞状态来查看碰撞。

三、工程实例

项目为某地区的文体中心，设计目标为绿色建筑、国家绿色评价标准3星。建筑分为地上，地下两个部分。总建筑面积为11660㎡。该项目采用BIM技术进行设计。并采用BIM技术进行性能能耗模拟分析，为项目选择适宜地被动设计措施，为本项目的绿色节能设计目标提供了强大的支持。

该项目采用BIM技术设计分四个阶段，为设计前期阶段、方案设计阶段、初步设计阶段、施工图设计阶段。

（一）设计前期阶段

借助BIM技术对场地地形、场地周围环境、场地气候、进行分析了解。

1.本项目开始通过甲方提供的地形数据,使用Auto CAD Civil 3D软件进行场地的建模,导入模型信息，对地形进行高程分析、坡度分析等场地分析。

2.使用Ecotec软件，进行场地气候分析，为建筑总体布局和建筑形体科学地指导作用。

（二）方案设计阶段

1. 建筑形体的设计，根据设计前期模拟分析结果，使用 BIM 参数化、可视化技术进行各种体量、形体的建模，通过分析得到如下四种方案建筑形体。

2. 对四种建筑体量外形进行各种性能模拟分析和简单的能耗模拟得出分析结果后进行建筑最佳朝向，最佳体形的选择，选出最佳方案。

3. 通过一系列的分析模拟，对四个方案的分析结果进行对比权衡，最终选出最佳形体，它是最符合低碳节能的理念要求的形体，这时设计师对最佳形体进行再一步的优化设计。

（三）初步设计阶段

1. 初步设计阶段是对建筑模型进行细化设计，并在设计的过程中通过性能模拟分析，利用 Ecotect，IES，STARCCM+ 等这些节能分析软件，根据这些分析结果让各个专业的设计师选择适宜性的节能措施，对空调等暖通设备、照明设备等主动节能措施加以整合，并深入优化。最后随着方案的不断优化获得详细的模型。使用 BIM 技术，将模型导入 IES 分析软件，并在软件中输入基础气候数据，对建筑模型整体进行采光模拟，优化室内采光，满足建筑物房间内的采光要求。

与此同时与电气专业设计协调交流，根据 Ecotect 分析结果，尽量选择节能的光照设备补充光照的范围和强度，来满足室内光照条件。

2. 充分利用太阳能，通过光复模拟软件 PVsyst，针对不同角度坡屋顶进行太阳能光伏班进行对比分析，最后选出发电量最大，建筑结构最优的排布方案。

（四）施工图阶段

1. 在施工图阶段，利用 BIM 技术进行协同、可视化的综合管线排布，为了给施工时提供保障，最后需要对综合管线进行碰撞模拟分析。并完成碰撞地方的优化。

2. 利用 BIM 模型导出二维平立剖图纸，并生成项目 BIM 模型效果图。

第七章　BIM 在数字化建筑设计中简单应用

第一节　数字媒介与数字建筑

一、从传统媒介到数字媒介

（一）设计媒介与建筑

1. 媒介与媒体

媒介和媒体（medium/media）常指表达、传递信息的方法与手段，在不同的学科领域具有不同的内涵和界定。为方便大家认识和理解，首先有必要区别一下媒介和媒体这两个常用概念。

在传播学领域，媒介一般是指电视、广播、报纸杂志、网络等人类传播活动所采用的介质技术体系，此概念常用来从宏观方面讨论与技术形式有关的传播学问题。一般而言，常认为媒介的发展经历了四个主要阶段：语言媒介、文字媒介、印刷媒介和电子媒介。而媒体则是专指电视台、广播台、报社、杂志社、网站等这些以一定技术体系为基础的传播机构或组织形式。

在计算机应用领域，媒介一般是指磁盘、光盘、数据线、监视器等这些直接用来存储、传输、显示信息的一系列介质材料或设备，常指数字媒介而媒体则是指以计算机软硬件为基础产生出来的电脑图形、文字、声音、数据等较具体的信息表现形式，常称数字媒体。

综合以上不同领域的主要界定分类，一般说来，媒介泛指某种物理介质及相应的技术形式，其功能是承载和传播信息；而媒体则专指那些与媒介直接有关的内容和不同类型的具体承载形式。随着电脑、网络等数字化技术的发展，当前的数字媒介成为电子媒介之后新的媒介类型，而数字媒体也可以说是在计算机技术发展下产生出来的新媒体类型。

2. 建筑设计中的媒介系统

建筑，作为"石头的史书"，也往往承载着其所处时代的社会、技术等多方面的信息。建筑的发展演变过程，从某种意义上说，也可以看作其作为信息载体意义上的演进变化。虽然随着媒介技术的更新交替，印刷、电子媒介的信息承载、传播功能大大超过了建筑本身；但与此同时，不同阶段和种类的信息媒介，作为设计媒介（design media）在建筑的设计生成过程中与建筑发生的互动作用，也越来越受到专业设计人员的重视。

通过设计媒介的使用，建筑师可以发现问题、认识问题、思考问题、产生形式、交流结果。在设计过程中，设计媒介是思考和解决问题的工具和"窗口"，使用设计媒介的不同也影响到建筑师的作品。

参照媒介的主要发展阶段和相关分类，在建筑创作的过程中，也包括传统意义上的设计媒介，如建筑专业术语、图纸上的专业图形、实体模型等；以及当前方兴未艾的以一系列计算机软硬件系统为代表的数字设计媒介。前者在建筑设计与建造的历史中源远流长，发展沿用至今，这里我们统称为建筑设计中的传统媒介；建筑数字媒介则泛指当前应用于建筑设计中的诸多数字技术方法与手段。

不同媒介在信息传达的能力、清晰性和便捷性，以及表现维度等方面存在程度不同的差异。不同的建筑设计媒介在建筑从设计到建造的过程中，均发挥着不同的作用，也影响着设计的过程和最终结果。以下主要就当前主要的设计媒介—传统设计媒介和数字设计媒介，进行具体的对比讨论。

（二）传统设计媒介及其特点

1. 传统设计媒介的分类与组成

传统建筑设计媒介通常包括专业术语文字、图形图纸和实体模型。

自古以来，那些口口相传，继而以语言文字为载体的专业术语可能是历史最为久远的设计交流与表达手段。一方面，语言文字媒介对建筑形制和构件进行了"模式化"和"标准化"，形成一套高度集成的"信息模块"。在西方是以柱式等模块为基础的砖石体系，在中国则是以斗口为基础的木构体系为代表。另一方面，由于其自身固有条件的制约，语言文字本身具有模糊性、冗余性和离散性等特征，它对其再现对象进行了极大的概括、提炼和简化。

建筑图形媒介通常以图纸等二维平面材料为载体。通过平面图、立面图、剖面图，以及轴测、透视图等形式进行设计内容的表达和交流。如某套二维图纸系统大量运用以欧几里得几何为主要基础的投影几何图示语言。由于尺规等绘图工具等手段的限制，其生成的建筑形态也多以理性主义的横平竖直为主，强调的是韵律、节奏、比例、均衡等美学法则。比起建筑语言文字媒介高度精练概括的模块范式，它所承载的设计信息更加直观、丰富，也更为精确。在这种系统下出现的设计图与施工图，其实是一套隐含着许多生产知识的图示符号。这种建筑专业图示符号已使用了数百年。

建筑模型媒介通常以纸板、木材、塑料、金属甚至复合材料等多种原料为载体，按照一定的比例关系，以三维实体形式供建筑师在设计过程中对设计对象进行分析、推敲和相对直观地展现。它常常和图形媒介相互结合。相对于图纸上不同抽象程度的二维图示，实体模型往往更为具象。虽然实体模型媒介的直观便利在设计过程中所发挥的辅助作用仍然不可或缺，但它仍然受到来自尺度、规模和材料制作细节等等诸多方面的限制。

2. 传统设计媒介的应用与特点

传统设计媒介通常在建筑设计的过程中被综合运用。设计初期，快捷便利的草图勾画，简略模型的推敲，使建筑师能够快速建立对于设计对象的整体把握，并通过图示、语言等方式的交流，与建筑业主、甲方及相关专业进行初步的沟通。但是，随着设计的不断深入和细化，传统设计媒介在表现和传达专业建筑信息方面的成本迅速提高，各类图纸的绘制修改、精细模型的制作，往往需要耗费设计者的大量时间和精力。同时，也由于二维图纸、实体模型等传统媒介本身在表现方式、材料工具等方面所固有的限制，使得建筑专业信息被割裂固化为各自为政的不同方面—各类图纸模型之间的设计信息往往难于直接关联，完全需要人工对照和复核，以致成本高昂，效率效益低下。

虽然传统媒介有其自身优势，但如前所述，由于图形绘制工具、模型加工和制作的设备材料特性，及其表现方式的固有属性，也存在着种种局限：如信息容量的有限性和简单化，信息传递的复杂性和间接性，以及交流过程中由于编解码标准的模糊性而带来的不同程度的信息损耗等。

它们对设计对象的表达和分析都只能针对不同的处理对象和阶段性任务的需要，从某一个或几个角度进行各自独立的信息传达，描述建筑对象某一些方面的属性特征内容。而且，这些不同角度和阶段的内容，又往往充满中间环节，各自独立。从构思草图到设计施工图，从透视表现到三维实体模型，出于不同的需要，设计环节的种种分割甚至影响着建筑师们的设计思维。

（三）数字设计媒介及其特点

1. 数字设计媒介的分类与组成

当代数字化技术的突飞猛进，为建筑师提供了日新月异的数字设计方法和手段。此类新型的信息媒介也为我们提供了建筑设计的新媒介—数字设计媒介。它涉及许多具体的数字媒体类型，以及建筑设计的不同阶段所涉及的具有代表性软硬件系统。

按照具体的媒体格式划分，数字媒体包括计算机图形图像的格式、音频视频的种类、数字信息模型和多媒体的具体构成等。如，传统图示在数字媒介中有其对等物—点阵像素构成的位图图像，以数学方式描述的精确的矢量图形等；实体模型在虚拟世界中也有其替代品—各类线框模型、面模型，乃至具备各种物理属性的实体信息模型等；当然更有传统媒介难于想象的集成了可运算专业数据的综合信息模型，以及内含多种音频、视频信息的多媒体数字文档，由多种超级链接的数据合成的交互式网络共享信息和虚拟现实模型等。

按照设计应用阶段的不同划分，数字媒介包括建筑设计的信息收集与处理、方案的生成与表达、分析与评估以及设计建造过程的协同、集成和管理等不同方面不同数字媒介的具体软硬件系统。除了各具特色，不断升级换代的个人电脑、网络设备和相关数字加工制造设备等硬件系统，和建筑设计过程直接相关的各类辅助设计软件程序更是林林总总。

目前用于方案概念生成、编程运算、脚本编制的工具，有基于 Java 语言的 Processing、Grasshopper，以及嵌入 Mel 语言的 Maya 等；适用于传统早期方案构思与推敲的有 Sketch Up；通用的绘图、建模、渲染表现程序有 Auto CAD，TArch（天正建筑）、3ds Max、Form Z 等；建筑分析与评估软件有 Ecotect Analysis 等各类建筑日照、声、光、热分析程序；建筑信息集成管理平台有 Buzzsaw、Project Wise 等；当然还有以综合建筑信息模型为核心的 Revit Architecture、Bentley Architecture、Archi CAD 等，和用于建筑虚拟现实、多媒体、网络协同、专家系统等方面的数字技术应用、开发技术和工具系统。

2. 数字设计媒介的应用与特点

从林林总总的各类电脑辅助绘图程序到真正意义上的辅助设计软件，从不断更新换代的个人电脑到不断蔓延扩展无孔不入的网络系统，从各种以计算机数控技术（Computer Numerically Controlled，CNC）为基础的建筑材料构件加工生产制造设备到现场装配施工的组织系统，数字设计媒介的组成所包含的相关软硬件系统，拓展甚至改变着建筑师们的设计手段和方法。数字媒介一方面改善增强着传统媒介的表现内容，另一方面正越来越多地扩充着传统媒介所难于承载的专业信息内容。

20 世纪中后期，计算机辅助绘图系统逐步完全取代了正式建筑图纸的传统手绘方式。近期，随着建筑信息模型等新兴数字技术和方法的提出和推广，建筑设计中的数字媒介已经给建筑设计媒介，及其相关的设计方法和过程，带来质的改变。与此同时，数字媒介强大的编程计算和空间造型能力，也在不断拓展着建筑空间的新的形式生成和美学概念。

除了比传统媒介更为精确直观、丰富多样的视觉表现方式，数字媒介还将设计过程的研究分析拓展到三向空间维度之外的范畴，如建筑声、光、热、电各方面的专业仿真模拟，建筑设计各方的网络协作，建筑材料构件制造加工和现场建造的信息集成等。

正因为如此，以建筑信息模型为代表的不断成熟的数字设计媒介有可能从本质上改变传统设计媒介长久以来的不足。数字媒介以其信息上的广泛性和复杂性，传输上的便捷性和可扩散性，编解码标准的统一性和信息交流的准确性等等，具备了传统媒介所无法比拟的优势。

从理论上讲，这种包含几乎所有各类专业信息的一体化建筑信息媒介，不仅极大地提高了设计活动的精确性和效率，而且可以让包括建筑师在内的相关专业人员在设计初始就建立统一的设计信息文件，在一个完备的设计信息系统中开展各自的设计工作，满足从设计到建造，甚至建筑运营管理等各个阶段的不同需要。它既可以在构思阶段以更为灵活的交互方式表现和研究前所未有的灵活的空间形式，也可以在设计分析与评价阶段通过不同专业的无缝链接和横向合作修改完善建筑方案的各类问题，生成所需的传统图纸文件。还可以通过高度集成的信息系统完成加工建造阶段的统计、调配和管理。

（四）传统设计媒介与数字设计媒介的特点比较

数字设计媒介与传统设计媒介虽然有一定的相似之处，但是，由于数字媒体所采用的特殊介质系统，使这种新的设计媒介在信息处理的方式、工具性能、操作方法等诸多方面，都表现出与传统设计媒介迥异的特性。那么，数字设计媒介系统到底有何特殊性呢？为方便说明，我们不妨在分述了各自的特点之后，具体比较一下这前后两类设计媒介系统的特点。

1. 对于图形图纸和实物模型这两种传统设计媒介而言，其介质系统有这样一些共同的特点：

简单和直接性：即通过简单、直接地利用介质材料原始的视觉属性实现，所有的介质的材料都同时兼具了存储和显示信息这两项基本的功能，信息的显示状态直接反映其存储的状态。

固定和一次性：即介质材料都是以组合、固化的方式来产生可长期保存的"视觉化"的媒体信息，固化后的介质材料不易修改，更不可将其分解并重新用来表示其他的信息。

独立性：即介质材料固化后便直接成为可独立使用的媒体，而不再依赖于操作媒体的工具或系统。

2. 与图纸和实物模型两种传统设计媒介相比较，数字设计媒介的介质系统则有这样一些特点：

复杂性和间接性：数字媒介的功能是依赖于电能的驱动以及基于复杂的电磁原理的计算机系统来实现的，人对于数字媒介所有操控都只能通过计算机系统的输入设备（如鼠标）间接地完成。数字媒介信息（或数据）并不能像图纸媒介那样，能直接从保存它的介质（如硬盘、U盘）上呈现并为人所感知，而只有当这些信息或数据"流经"到另一种介质设备——监视器之后，才会被人识别。

功能的多样性、灵活性：数字媒介的介质系统是由一些在物理和功能上独立、在系统上又彼此依赖的多种介质（设备）构成的。包括：存储介质（如硬盘、U盘），传输介质（如总线、网线），计算和控制介质（如CPU），显示介质（监视器、投影仪）四大类型。这种复杂介质系统不仅使数字媒介具有存储和显示信息这两项基本的功能，还具有可自动计算、识别和传输数据等功能。

信息的可流动性、共享性：数字媒介系统的可自动计算、识别和传输数据功能，决定了不同的信息或数据之间能够通过系统自动地建立起关联，而且这些信息或数据在介质系统中的存储地址都不会是永久固定的，数据可以在不同的介质之间传输、转移、复制或者删除。这些特性使得数字媒体信息以及介质设备资源皆可能得到最大限度的共享。

系统与能源的依赖性：数字媒介系统，是一种依赖于计算机系统整体以及电能源驱动的系统，缺少了其中任何一个环节，其介质系统中的任何介质材料（设备）都不可能单独发挥出各自的功能作用。数字媒介系统的这种特性，也是十分值得我们注意的。

二、数字建筑

数字建筑，指利用 BIM 和云计算、大数据、物联网、移动互联网、人工智能等信息技术引领产业转型升级的业务战略，它结合先进的精益建造理论方法，集成人员、流程、数据、技术和业务系统，实现建筑的全过程、全要素、全参与方的数字化、在线化、智能化，从而构建项目、企业和产业的平台生态新体系。

（一）数字建筑的定义

数字建筑是数字技术驱动的行业业务战略，这个过程不止关注技术和数据，同时集成了人员、业务系统、数据以及从规划设计到施工、运维全生命周期的业务流程，包括全过程、全要素和全参与方的数字化。

（二）数字建筑的内涵

数字建筑，是虚实映射的"数字孪生"，是驱动建筑产业的全过程、全要素、全参与方的升级的行业战略，是为产业链上下游各方赋能的建筑产业互联网平台，也是实现建筑产业多方共赢、协同发展的生态系统。

1. 数字建筑是虚实映射的"数字孪生"

数字建筑将是虚实结合的"数字孪生"，通过基于"人、事、物"的 HCPS（信息物理系统）的泛在链接和实时在线，让全过程、全要素、全参与方都以"数字孪生"的形态出现，形成虚实映射与实时交互的融合机制。

数字建筑作为"数字孪生"，无论是建筑产品、工艺流程、生产要素、管理过程、各方主体都将以"数字孪生"的形态出现，最终交付的也是两个建筑：实体建筑和虚体建筑。

2. 数字建筑是行业业务战略

数字建筑不仅仅是信息技术和系统，而是与生产过程深度融合的新的生产力，它必将驱动建筑产业的全过程、全要素、全参与方的升级，建立全新的生产关系。

新的项目生产要素产生，数字经济时代，大数据和云算法成为新的资源和生产要素，并且近乎零的边际成本。

新的项目生产过程产生，实体建造与虚拟建造相互融合，通过 BIM 等各类数字化、在线化和智能化技术的整体应用，将生产对象，以及各类生产要素通过各类终端进行链接和实时在线，并对项目全过程加以优化。

新的生产关系产生，数字建筑孪生让各参与方与产业链上下游合作伙伴，产生新的链接界面、节点以及协作关系，工作交互方式、交易、生产、建造等不再局限于物理空间与时间，更多的连接界面和节点使得新的生产关系和产业生态圈形成。

3. 数字建筑是建筑产业互联网平台

数字建筑可以更好地为产业赋能，并且相互协同进化，形成群体智能。

4. 数字建筑是开放、共享的生态系统

数字建筑通过平台化方式实现"垂直整合、横向融合"，联通直接产业，形成共聚的产业生态圈。

（三）数字建筑的特征

数字化、在线化、智能化是"数字建筑"的三大典型特征。其中数字化是基础，围绕建筑本体实现全过程、全要素、全参与方的数字化结构的过程。在线化是关键，通过泛在连接、实时在线、数据驱动，实现虚实有效融合的数字孪生的链接与交互。智能化是核心，通过全面感知、深度认知、智能交互，基于数据和算法逻辑无限扩展，实现以虚控实，虚实结合进行决策与执行的智能化革命。

（四）数字建筑的价值

数字建筑作为建筑产业转型升级的引擎，其对建筑业的影响必然是链的渗透与融合，通过数字建筑驱动建筑产品升级，产业变革与创新发展。

通过数字建筑打造的全新数字化生产线，让项目全生命周期的每个阶段发生新的改变，未来的全过程中将在实体建筑建造之前，衍生纯数字化虚拟建造的过程，在实体建造阶段和运维的阶段将会是虚实融合的过程。

新设计：即全数字化样品阶段。也就是在实体项目建设开工之前，集成各参与方与生产要素，通过全数字化打样，消除各种工程风险，实现设计方案、施工组织方案和运维方案的优化、以及全生命周期的成本优化，保障大规模定制生产和施工建造的可实施性。

新建造：即工业化建造。通过数字建筑实现现场工业化和工厂工业化，工序工法标准化。

新运维：即智慧化运维。通过数字建筑把建筑升级为可感知、可分析、自动控制，乃至自适应的智慧化系统和生命体。

第二节　建筑数字技术对建筑设计的影响

一、数字技术对建筑设计思维模式的影响

长期以来，建筑空间的设计与表达均以图示信息作为主要媒介，它在建筑方案的构思形成、分析及专业表达过程中，起着重要而不可替代的作用。而用以承载种种专业图示信息的技术手段和工具，往往成为设计思维的重要影响因素。不同的技术发展水平带来的设计工具，也常常影响甚至决定了不同的设计思维模式。

建筑设计的思维模式，同样受到不同设计媒介所使用的具体技术手段的制约和影响。从由来已久的以纸笔为主要工具的二维图示手段，到当前日渐推广的数字技术辅助下的设

计媒介，建筑设计的思维模式也受到相应的影响，进行着相应的转变。

传统的图示思维方式作为借助草图勾画、模型制作搭建、图纸生成与修改等一系列环节中贯穿始终的专业思维模式，使得建筑设计的内容对象和专业设计信息紧密联系。计算机辅助数字技术在建筑设计过程中的推广和应用，不可避免地影响了空间图示的方式方法，也同样改变着我们的专业思维方式，但它究竟是如何改变的呢？这一点在很大程度上是以思维模式本身在数字化时代所具有的特征及其可能发生的转变为基础的。所以我们也同样需要回溯思维本身在数字化时代的变化。

（一）设计思维的演化与分类

人类思维结构和模式的发展，随着社会的演变、科学技术的进步，历经历史长河，逐步形成各种现代思维体系。从原始的拟人化思维结构，到古典哲学中混沌整体的自发性辩证思维；从近代三大科学发现（能量守恒与转化定理、细胞学说、进化论），到"旧三论"（系统论、信息论、控制论）到"新三论"（耗散结构理论、突变论、协同论），及至当代信息数字技术的全面发展，人类的思维模式也不断发生着质的飞跃。

与其复杂的演变过程相对照，思维活动以其分类标准的不同，也有着众多不同的类型模式。按照思维探索方向的不同，可分为聚合思维与扩散思维；按照思维结构的方式方法，又可分为抽象（逻辑）思维、形象（直觉）思维和灵感（顿悟）思维等。

思维的主体也从以个人为主，到以个人与集体、团体协作为主；以人脑为主，到以人脑—计算机相互配合，发生着重大变化。现代辩证思维一方面仍然将归纳与演绎、分析与综合、逻辑与历史相统一，以及比较、概括、抽象作为自己的基本方法；另一方面，又在现代科技的飞跃中发展出系统思维、模型方法、黑箱方法等一系列新的思维方式。

视觉形象的处理历来与思维密切相关，并对思维过程具有重要的影响。"视觉形式是创造性思维的主要媒介"。视觉思维（Visual Thinking）概念的提出，使我们认识到视觉形象和观察活动不仅仅是"感知"的过程，它帮助我们在设计和创作过程中充分利用我们的视觉优势和观看的思维性功能。视觉交流的作用在人类生活中日益增强。而图示思维就是一种创造性视觉思维。在纷繁复杂的人类思维结构体系中，它既有其作为思维活动的普遍性规律，又有其自身独特的专业特点。

（二）传统建筑设计中的图示思维及其局限

从某种意义上说，建筑的视觉形式和空间形态，既可作为建筑设计意愿的起点，也往往成为设计追求的最终目标之一。建筑设计的思维过程，也是以视觉思维为主导的多种思维方法综合运用的过程。这一活动，往往是建筑师运用包括草图在内的视觉形式，与自己或他人进行思考交流的过程中进行的。建筑设计过程，自始至终贯穿着思维活动与图示表达同步进行的方式。建筑师通过图示思维方法，将设计概念转化为图示信息，并通过视觉交流反复推敲验证，从而发展设计。

传统的图示思维设计模式，通常凭借手绘草图、实体模型和二维图纸（平、立、剖面图，透视、轴测图等）实现设计内容的交流与表达。从某种意义上讲，图示思维模式，也正是这些传统的媒介工具，及其承载的图示信息所产生的一种必然结果。

这些经过千百年发展演变而来的图示媒介系统和方法，及其支持下的设计思维模式，有其自身独特的语言体系和特征。

保罗·拉索在其关于图示思维的著作《图解思考》（Graphic Thinking）一书中，将图解语言的语法归纳为气泡图、网络和矩阵三种类型。图解语言的语汇从理论上讲并无一定之规，从本体、相互关系及修辞等方面可以排列出大量简洁、实用的符号体系，同时也可从数学、系统分析、工程和制图学科借鉴许多实用的符号。每个建筑师都可以根据具体情况及自己的喜好，发展出一套有效的图解方式。

但是不可否认，传统的图示思维方式也存在一些局限。比如由于缺乏经验或技巧，使萌芽状态的新设想夭折；虚饰、美化某个设计思想；遮掩设计理念中应该显露的不足；甚至错误地将图示形象理解为二维平面空间的对等物，而非三维（多维）空间的二维表达与分析等。这些局限，在一定程度上，也源于传统图示思维及其工具本身所固有的缺憾—人工绘制的专业图示和符号在精确性和灵活性上的欠缺、不同图纸之间过多的对照转换环节带来的效率低下，常常在抽象的设计图示与具体现实的设计内容之间产生疏漏和差异。

（三）从图示思维到"数字化思维"

新的数字技术的大量应用改变了建筑师的工作方式，也将直接影响到我们的专业思维模式。传统的图示思维模式借助徒手草图将思维活动形象地描述出来，并通过纸面上的二维视觉形象反复验证，以达到刺激方案的生成与发展的目的。以计算机辅助设计为代表的诸多数字专业技术则有可能将这一过程转换到虚拟的三维数字化世界中进行——我们暂且用"数字化思维"这个词来描述这一状况。

在将一个想法概念化时，某些媒体的特性允许它迅速反馈到单个设计者的想法中。传统设计思维过程中，它们常常是"餐巾纸上的速写"和建筑师的钻土模型。这些"直觉"的媒介能在设计者和媒体之间构成一个严密的反馈回路，就好像在它们所表达的概念那里媒体成为透明的了。其中的关键就在于直接性和迅速反馈的能力。

在其技术发展的早期阶段，数字技术常常只是被用来对已经发展完备的概念进行精确的描绘、提炼和归档。如今，数字技术使我们拥有诸如更为灵活直观的交互界面和实时链接的信息模型等实质性进步之后，数字设计媒介也同样为我们提供了一个足够迅速的反馈回路。数字技术条件下的思维方式终于有可能挑战传统的图示思维方式。

众所周知，数字媒介为我们提供了精确性、高效性、集成化和智能化等诸多优点。数字技术介入传统的空间图示方法，除了使建筑师抽象思维的表现更为直观和接近现实之外，其更重要的潜质在于可以突破由于表现方法的局限而形成的习惯性的设计戒律，从而真正使建筑师在技术上有可能发现诗意的造型追求，使建筑空间的构思能有雕塑般的自由和随意。与此同时，它更提供了设计思维与方法更新的可能性—整体集成的建筑数字信息模型，以及以此为基础的设计过程的动态参与及广泛的横向合作等。这种新型多维化的设计思维模式，长期以来一直被绘图桌上的丁字尺和三角板所扼制。

现代主义建筑理论针对古典形式主义的弊端，曾经提出"形式服从功能"这样的口号，以"由内而外"的设计模式替代片面追求形式塑造的"由外而内"的单项线性思维模式，在纳入社会、环境、技术等因素的同时，将建筑设计视为一个"从内到外"和"从外到内"双向运作的过程。这些从单向到双向的设计思维模式，在数字技术的支持下—如更大范围的信息共享、一体化的专业信息模型、多方位的网络协作等—将有可能克服传统图示思维的局限，向着更为多元、多维的设计思维模式转换。

二、数字技术对建筑设计过程的影响

（一）传统建筑设计的方法过程及主要特点

建筑设计的构思发展过程通常包括分析、综合、评价等典型的创造性阶段。以图示信息为主的传统设计方式针对不同设计阶段、不同的具体对象，存在着不同程度的抽象化。它们分别对应于不同的设计阶段，具有各自的特点。

设计初期，人们往往要对设计文件（如任务书、设计合同）进行读解，也就是基本信息的输入，并对其进行分类、定义、判断等活动，以便从中筛选出重要、关键的信息，以此找到解决方案的突破口。这一阶段的设计图示往往抽象性较强，有着更多的不定性，形式也多为非特定形状的二维分析图，如"气泡图"，以避免对解决设计问题的实质形式有任何过早的主观臆断。

在利用图示信息进行设计创作的准备及酝酿阶段，信息经过充分的收集、分类、整理之后，逐渐趋于饱和。逻辑清晰的具象思维会和相对模糊的抽象思维相互作用。设计者利用图示中的开敞式形象对各路信息进行综合处理，经过不同的形象组合与取舍调整，使各种"信息板块"达到最佳和谐，最后形成一个紧凑的整体，建立起一个完整的"视知觉逻辑结构"。这一过程可能持续反复，直至设计问题得到了满意的解决，初步的设计概念被迅速以图示方式记录在案，以便进一步予以验证。

随着方案的逐渐明朗化，表达也逐渐趋于清晰。同时为了不断对想法进行验证和推敲，具有更为严谨精确的尺寸要素的二维视图，如平、立、剖面图；更为形象生动的透视图、轴测图；更为直观、易于操作的实体模型，也较多地出现在建筑师的设计过程中。

传统图示设计在检验与评价中的实用性则在于把设计意图从抽象形象转化为较完善、具体的形象。一方面它使方案设计中的抽象概念图解变成更为具体和实在的图像，特别是空间的形象，如从特定方位"观察"到的建筑空间透视草图等。从这个意义上来说，方案最终的表现效果图也可算作一个检验与评价的环节。不论何种类型的图示，它对设计中提出的构思不同形象的草图技艺的要求也就根据抽象或具体、松弛或谨慎的不同而有所变化。

另一方面，利用图解语言中的网络和矩阵等语法，还可以用量化的概念对设计予以检验和评价。这一点似乎又同行为建筑学中运用理论和量化方法从个人、集体、决策部门等各方面对建筑设计进行的详尽理性的评价体系颇为类似。同时，这也提醒我们，即使在方案提交之后，建筑设计的过程仍未结束。房屋建成之后，人们（尤其是使用者）的信息反馈常常被忽视，当那些信息被以图解的方式记录在案之后，也可以直接，或间接地影响到建筑师的下一次创作。

遗憾的是，传统设计方法由于以"图纸"为代表的二维媒介的限制。只能将三维设计对象表征于二维之中进行。平、立、剖面，乃至轴测、透视这些专业图示语言深深影响着设计的过程方法与表达方式。而如果应用了建筑信息模型（BIM）技术，在三维的环境下确定好设计方案，再从三维模型生成平立剖图，将大大节省修改成本。从构思阶段的手绘草图到后期的施工图纸，历经不同设计阶段，这一进程通常沿着一条严格的线性路径单向运行。这套步骤分明的过程和按部就班的方法，使得其中任何环节的修改反复都显得成本不菲，困难重重—因为不同环节的设计工作都是相对割裂各自为政的，信息的搜集和使用、图纸的编绘整理、相关专业的配合反馈等等，常常因此耗费设计过程中的大量时间和精力。

（二）数字技术对建筑设计方法与过程的影响

凭借当前强大的数字建模技术、通用集成模型、网络协作等手段，数字技术为建筑师提供了新的起点。尽管纸张作为主要信息媒介之一仍将延续相当长时间，但数字技术可以使设计真正回归三维空间和整体性的信息模型之中。也只有在这个层次上，数字技术才能真正做到辅助设计（Aided Design）而非辅助表现（Aided Presentation）。

就像计算机科技大量而迅速地改变人类的日常生活一样，数字技术在建筑设计上的发展也经历了相对短暂却令人叹为观止的变化并逐渐趋于成熟。

20世纪60年代计算机在建筑领域还只是停留于对材料、结构、法规及物理环境数据的简单计算与分析，即所谓P策略（Power），注重解决"数"和"量"的问题。70年代，电脑进入二维图纸绘制阶段；80年代电脑已可建立相应的建筑模型并进行一定程度的环境模拟；早期的数字技术必须依靠其准确的坐标体系去做完美而清晰的接合（Joint）——而抽象性和模糊性在设计初期创作者的创作思维过程中又是必不可少的。早期的三维动态设计更大程度上来说是对传统实物模型的替代。进入90年代，人们已不再满足于数字技术对传统媒介的直接取代，而将目标转向了全球网络资源共享及多媒体动态空间的演示乃至虚拟现实（Virtual Reality）技术。这时，数字技术已采用了K策略（Knowledge），即着眼于人工智能的发展以达到辅助设计的目的。短短几十年中，数字技术在建筑设计中所扮演的角色不断改变。所有这些都依赖于构成电脑系统软、硬件的飞速发展。数字可视化技术（Visualization）也成为建筑师和开发商必不可少的工具。

数字技术在建筑设计中的应用，从早期的方案设计图及施工图的绘制到三维建模和影像处理，到动画和虚拟现实，再到建筑信息模型的建立，其强大潜力不是要削弱建筑师的创造性活动，其目的恰恰在于以数字技术的优越性把富有创造才能的建筑师真正从大量烦琐的重复工作中解脱出来，以便使我们利用这些新技术更好地从事于建筑创作。

这一方向上走在最前面的先驱是 F·盖里和 P·艾森曼这样的建筑师。数字技术不仅在被采纳到他们的设计过程中，而且正戏剧性地改变了它。在他们那里，以电脑图示为表象的 CAAD 技术踏入了设计的核心地带。他们虽然也用笔和纸勾画自己的原始构思，但出现在图示中的空间实体却已经真正摆脱了传统方式的束缚，并充分发挥着电脑图示中前所未有的造型能力。盖里作品的那些空间形式有些已很难用传统的平、立、剖面图加以表现了。项目小组只能手持数字化扫描仪对原始模型进行数据采样，扫描仪另一端所连接的电脑中生成的是拥有无痕曲线的匀质建筑。艾森曼则扬弃了早期作品中以语言学的深层结构作为其建筑的理论基础而转向数字虚拟空间中的生成设计。超级立方体（Hyper cube 卡内基梅隆大学研究中心）、DNA（法兰克福生物中心）、自相似性（哥伦布市市民中心）与垒叠（Super position 辛辛那提大学设计与艺术中心）等手法都在数字技术的辅助下得以实现。

由此可见，新兴的数字技术在许多方面正以不可阻挡之势改变着传统的设计方法和过程。

以建筑信息，模型（Building Information Modeling，BIM）为核心的一系列相关行业设计程序系统，以建筑设计的标准化、集成化、三维化、智能化等为目标，为我们提供了更高的工作效率、更深的设计视野，以及前所未有的专业协调性和附加的设计功能—环境分析、声光热电等能源分析、结构分析与设计、建筑施工和运营等多方面多环节的科学计算、分析评估、组织管理等。

数字技术支持下的网络通信系统，则在消除空间距离障碍、扩大设计者之间交流的同时，为我们带来了信息资源的极大共享。设计者在创作过程中所需要的大量专业和相关信息由于网络这一庞大共享资料库的建立得以几近无限的扩充。多媒体信息技术与网络通信技术还将为异地建筑师的协作以及让建筑业主、建筑的使用者参与设计过程提供更为广泛的可能性。

建筑设计因此成为一个"全生命周期"的多元互动过程。如前所述，这个漫长的过程由于传统图示媒介的固有特点和种种限制，通常呈现为一种单向线性的方式。设计方法与过程的更新一方面保持着传统方式的延续与结合，另一方面又以虚拟的数字信息模型中新的设计方法发展着新的设计过程，开拓着新的设计领域。

三、数字技术对建筑设计与建造的影响

（一）传统设计与建造中的问题

长期以来，建筑设计与建造施工的关系在设计过程中往往没有得到应有的重视。建筑师在考虑设计过程与结果的时候，却常常错误地认为建造只是设计完成之后的工作。实际上，与设计紧密相关的建造环节，正是保证设计意图得以实现的重要阶段；从建筑材料结

构的选择、制造加工，到施工现场的装配建造，更在事实上直接决定了建筑的最终质量。

而在过去很长一段时间里，建筑设计建造行业的生产效率和质量的提高也总是举步维艰，其原因有很多：各自为政的行业板块；设计与施工单位的割裂甚至对立；专业信息交流的混乱等。

离散的产业结构形式和按专业需求进行的弹性组合，使建设工程项目实施过程中产生的信息来自众多参与方，形成多个工程数据源。由于跨企业和跨专业的组织结构不同、管理模式各异、信息系统相互孤立以及对工程建设的不同专业理解、对相同的信息内容的不同表达形式等，导致了大量分布式异构工程数据难以交流、无法共享，造成各参与方之间信息交互的种种困难，以致阻碍了建筑业生产效率的提高。

不难看出，造成以上种种状况的重要因素之一，正是专业设计信息的生成和交流，由于传统设计媒介的掣肘导致的结果。而数字技术，尤其是计算机辅助下的信息集成系统，则有望给长久以来设计与建造之间存在的问题带来极大的改观。

（二）数字技术对建筑设计与建造关系的影响

无论是覆盖整个建筑全生命周期的建筑信息模型（Building Information Modeling，BIM），还是建造施工阶段的土木工程信息模型（Civil Information Modeling，CIM），作为数字技术在建筑专业领域的典型应用和发展方向，都是试图通过建立高度集成的专业信息系统，统一专业信息交流的规范和标准，连通从设计到建造过程中不同阶段不同相关专业（结构、设备、施工等）之间的信息断层。

具体而言，数字化技术支持下的集成信息系统、强大的科学计算能力，对计算机集成制造系统（Computer Integrated Manufacturing System，CIMS）的借鉴等等新的方法和手段，将给我们带来建筑材料结构构件的柔性制造加工工艺、新型构造和结构体系、经过数字化仿真模拟精确计算的智能化设备控制，甚至现场施工过程的物流调配和"虚拟建造"。

当然，数字技术对设计之外的建造等阶段的有力支持，同样会反过来影响和改变我们的设计过程。而"建设工程生命周期管理"（Building Life—Cycle Management，BLM）等新理念的引入和实施，更使建筑师们对设计和建造的关注面向建设项目的整个生命周期，包括从规划、设计、施工、运营和维护，甚至拆除和重建的全过程，对信息、过程和资源进行协同管理，实现物资流、信息流、价值流的集成和优化运行，实现对能源利用、材料土地资源、环境保护等可持续发展方面的长远效益和整体利益的考虑。而材料、构造、施工等不同专业工种如果在方案阶段就提前参与协同设计，很多建筑师不了解或难以预料的相关专业问题都可以事先得到妥善解决。

（三）数字技术对设计与建造中建筑美学意义的影响

在数字技术的应用与影响下，建筑美学领域的变化虽然显而易见，但却复杂微妙，难以一概而论。传统审美中的形式法则，包括均衡、对称、韵律等，其适用范围已经悄然发生着变化。工业文明以来的机器美学直接来源于大工业生产的结果—简洁、实用、高效等形象特征。后工业时代以来审美意义的重构，在表现性心理机制方面更多地呈现为多元并置的状态：既有文艺复兴式的物体直觉，又有工业社会的抽象完形，更有无主导知觉方式的知觉把握—看似自由随意的多序混杂。

一方面，建筑作品在美学（哲学）意义层面的艺术（审美）含义，似乎已经超越了现实符号本身的意义。但在这一层面上，建筑意义常常是匮乏甚至缺失的。现实符号的所指被消解，取而代之的是观察者对建筑的一种整体把握。建筑设计中逻辑推理的线性思维方式被更为直观的感受所打破。建筑审美中的"纯洁性"被广泛接受的功利性和多元化目的（价值取向与评价维度的多元化）所取代。原本作为手段运用的技术、技巧等常常升华为创作表现的目的本身，技术和结构的表现直接走向前台。

而在更为具体的制造和建造领域，数字技术和信息媒介支持下的设计和建造，将为20世纪初现代建筑的机器美学带来新的延伸，是人们在工业生产的高校中有可能重新找到新的个性美学。这种新的美学将在前工业的手工自然和工业化的人工制造之间呈现出一种新方向。从功能主义的单一标准，到拉斯维加斯那令人眼花缭乱的霓虹灯和发光二极管幕墙；在充斥着不同符号和沟通渠道的信息单元中，美学表象从稳定走向了动荡，从匀质走向了非匀质，从实实在在的本体走向了飘忽不定的客体。

建筑意义的重构，也包含着观察方式和阐释模式的转换。它们早已不再是从表象的形式构图或简单的功能满足等方面寻求外象的处理，而是通过数字技术等手段的支持，以绿色生态、环保节能等诉求为前提，从文脉、场所、社会、生活等更为恒久的品质因素中找寻形式的几点。基于此，建筑不再追求单纯的形式愉悦，或是直白的意义承载；而是代之以没有明确意义的表现，重新成为建筑自身，一种多元化的信息载体。其功能和美学的意义来自设计者，更取决于观赏和体验者的诠释。

第三节　虚拟现实技术在建筑设计中的应用

虚拟现实技术作为一项以计算机技术为基础的高新技术，具有交互性、想象性和沉浸性的特点，强调人在虚拟现实中的主导作用。建筑设计是技术、艺术和创新相结合的领域，虚拟现实技术的出现为建筑设计开辟了新思路，将其应用于建筑设计能够打破传统表现模式，虚拟现实和计算机技术的结合，能够大大提高设计人员的工作效率和设计质量，缩短设计周期，减少投资成本。因此，虚拟现实技术应用于建筑设计具有重要的现实意义。

一、虚拟现实技术

虚拟现实，Virtual Reality，简称 VR，最初由美国 Jaron Lanier 于 20 世纪 80 年代提出，

当时主要应用在宇航局和国防部。虚拟现实是一种可创建和体验虚拟世界的计算机系统，它借助计算机技术及传感装置所创建的一种崭新的模拟环境。虚拟环境由计算机生成，通过视、听、触觉等作用于用户，使之产生身临其境感觉的交互式视景仿真。虚拟现实集成计算机图形学、图像处理、模式识别、多传感器、语音处理、网络等技术，具有交互性、想象性和沉浸性。交互性，In—teraction，指在虚拟现实系统中以用户为主，用户能与虚拟场景中的对象相互作用，虚拟场景对于用户来说具有可操作性；想象性，Imagination，指虚拟现实系统并非真实系统，它反映了虚拟现实系统设计者的构想，虚拟现实可把这种构思变成看得见的虚拟物体和环境，使以往只能借助传统沙盘的设计模式提升到数字化的即看即所得的境界，提高了设计和规划的质量与效率；沉浸感，Immersion，则指虚拟现实技术通过计算机图形构成的三维数字虚拟环境真实感极强，使用户在视觉上产生沉浸于虚拟环境的感觉。据用户参与虚拟现实系统的形式及沉浸程度，虚拟现实系统可分为沉浸式、分布式、增强现实性和桌面虚拟式，其为建筑设计带来了全新的表现手段。

二、虚拟现实技术在建筑设计中的应用

建筑设计综合性极强，设计人员在运用自身思维进行设计的同时，还应考虑客户的整体感受，使建筑设计更具真实感。虚拟现实技术能够帮助设计人员更好地完成，主要原因即在于其能够通过计算机对现实进行模拟、创造和体现虚拟世界，降低劳动量，缩短设计周期，提高设计科学性和精确性。

（一）展示建筑物整体信息

现阶段的二维、三维表达方式，只能传递建筑物部分属性信息，且只能提供单一尺度的建筑物信息，而使用虚拟现实技术可展示一栋活生生的虚拟建筑物，并可在里面漫游，体验身临其境之感。建筑设计不仅是设计者的事，住户、管理部门都可起到辅助决策的作用，而虚拟现实技术在设计者和用户之间能起到一种沟通的桥梁作用。

（二）远距离浏览

设计者进行建筑设计，通常需要跟工程单位不断进行沟通交流，而虚拟现实作品可以通过 VRML 的方式发布到网络上去，工程单位可以通过互联网进行远距离浏览，将虚拟现实方式的建筑设计应用于互联网中，利用虚拟现实方式进行远程交流。常用的建模软件如 3ds max，不仅支持 VRML 文件格式的输出，还可以在 VRML 中通过选择摄像机进行导航设置，在场景中指定活动控件和触发器等，大大丰富了实时浏览的内容。

（三）实时多方案比较

建筑设计时，往往会设计多种方案，并进行不同方案的对比分析，以选择最佳方案。采用虚拟现实设计，可将不同设计方案通过模型表达出来，并可随时切换，利于设计者观

察某一点或某一部位中的设计，更快的比较出不同方案的优缺点，从而为改进方案提供便利。在虚拟现实技术应用中，不仅能够比较不同方案的建筑设计特点，还可随时修改方案，并将修改后的方案与修改前作以对比，分析修改效果。因此，虚拟现实技术对建筑设计进行实时多方案比较，可较好的提高建筑设计的工作效率和设计质量。

（四）专用人机接口交互

人机接口是使用者与计算机沟通的桥梁，它是代表使用者意图的转换及计算机程序的执行，良好的人机接口可减少使用者对系统的学习时间和增强系统的效率。虚拟现实技术建筑设计中，必有特定的人机接口模式：使用者模式，使用者直接进入虚拟现实中进行观测与互动操作，以第一人称的观测方式进行虚拟现实的沉浸观察，隐藏的接口只在使用时才出现；代理者模式，即在虚拟现实中常因沉浸环境与现实环境的感性差距而造成空间迷失，以至于使用者无法掌握虚拟现实中的状态，以空间代理者的虚拟环境信息的提供，以第一和第二人称的观察方式进行虚拟环境观测；监控模式，使用者以第三人称的方式监控虚拟现实中的现实状态，并进行虚拟物的监视与控制，接口的产生与虚拟现实的种类并无绝对关系；浸入操作模式，将控制虚拟现实物的接口置于虚拟现实中，进行仿真式操作模拟，使用者以第一人称控制虚拟物。

（五）虚拟现实系统

虚拟现实系统主要有模型式和图像式。模型式虚拟现实以虚拟现实造型语言为主要描述语言，使建筑设计可用计算机进行三维建模，利用效果图、三维施工图与资料库，并利用虚拟现实技术联结资料库实时模拟操作。虚拟现实造型语言可用在万维网（3W）中定义与更多信息相关联的三维世界布局和内容，使之能够在交互的三维空间中容易地被表达。当虚拟现实造型语言浏览器启动后，它会将虚拟现实造型语言中的信息解释成虚拟现实造型语言空间中的建筑物的几何形体的描述，一旦空间被用户浏览器解释，它将提供实时显示，用户机器上将会出现一个活动的场景。

三、建筑声环境的模拟与分析

在建筑声环境控制中，经常需要对可能产生的结果进行预测。如进行一个观众厅的音质设计，希望了解工程完工后会有怎样的效果；再如临街住宅小区的规划设计，需要了解建成后环境噪声大小，以便采取相应的声学对策。采用计算机模拟分析是建筑声环境预测的手段之一，由于计算机的普及，模拟软件的不断完善，计算机模拟分析建筑声环境的费用相对较低，因此，计算机模拟分析手段得到了广泛的应用。

（一）建筑声环境计算机分析的原理与方法

室内声环境模拟技术主要有两大类：基于波动方程的数学计算方法和基于几何声学的

数学模拟方法。由于基于波动方程的数值计算工作量巨大，给实际应用带来困难。现阶段实用的模拟软件都基于几何声学原理，声波入射到建筑表面，除吸收和透射外，被反射的声能符合光学反射原理。基于几何声学的模拟技术包括声线跟踪法和虚声源法。

声线跟踪法是将声源发出的声波设想为由很多条声线组成，每条声线携带一定的声能，沿直线传播，遇到反射面按光学镜面反射原理反射。同时，由于吸收和透射，损失部分能量。计算机在对所有声线进行跟踪的基础上合成接收点的声场。声线跟踪法的模拟过程包括：确定声线的起始点即声源位置，沿着声线方向，确定声线方程，然后计算该声线与房间某个界面的交点，按反射原理确定反射声线方向，同时根据界面吸声系数及距离计算衰减量。再以反射点为新的起点，反射方向为新的传播方向继续前进，再次与界面相交，直到满足设定的条件才终止该声线的跟踪，转而跟踪下一条声线。在完成对所有声线跟踪的基础上，合成接收点处的声场。

虚声源法是将声波的反射现象用声源对反射面形成的虚声源等效，室内所有的反射声均由各相应虚声源发出。声源及所有虚声源发出的声波在接收点合成总的声场。虚声源法的模拟过程为：按照精度要求逐阶求出房间各个介面对声源所形成的虚声源，然后连接从各虚声源到接收点的直线，从而得到各次反射声的历程、方向、强度和反射点的位置，同时考虑介面对声能的吸收，最终得到接收点处各次反射声强度的时间和方向分布。

声线跟踪法对于需要了解某个点的声学情况比较合适。对于一个几何形状很复杂的房间，采用声线跟踪法模拟，相对比较简单，计算速度快。虚声源法主要用于模拟与声压及声能有关的声场性质。一个计算机模拟软件常常同时采用两种方法，以提高模拟效率。为提高模拟精度，目前，大多数软件在模拟过程中考虑了界面扩散反射现象。

为使房间模型看起来漂亮，大多数模拟软件具备图像渲染功能。

（二）常用软件的分析比较

目前，比较著名的室内声学模拟软件有丹麦技术大学开发的ODEON、德国ADA公司开发的EASE、比利时LMS公司开发的RAYNOISE、瑞典的CATT、德国的CAESAR，意大利的RAMSTETE等。影响较大的室外噪声评估方面的软件有CadnaA、EIAN、soundplan、lima等。这些软件在开发之初基本上是大学教师的学术研究，后来得到市场推广。ODEON主要用于房间建筑声学模拟，模拟结果比较符合实际。EASE重点在于扩声系统的声场模拟，其自带的音箱数据库十分丰富，国际知名品牌音箱数据基本都有，近年也收录了国内若干知名品牌音箱数据。EASE4.0还加入了可选建筑声学模拟模块、可听化模块等，使功能更加强大，其建筑声学模块以CAESAR为基础适当完善而成。RAYNOISE既用于建筑声学也用于扩声系统的模拟。目前，国内使用的声学模拟软件主要为ODEON，EASE和RAYNOISE。CATT在欧洲被广泛使用。CadnaA主要用于计算、显示、评估及预测噪声影响和空气污染影响。

四、建筑光环境的模拟与分析

建筑光环境模拟是建立在计算机软件技术基础上的，借助于计算机软件技术我们可以完成手工计算时代不可想象的任务。随着时代的发展，传统的实体模型测量、公式计算和经验做法难以支持复杂和多元化的设计需要，而数字化的模拟软件正好可以弥补传统做法的不足。目前光环境模拟软件在包括设计、建造、维护和管理等各阶段的建筑全生命周期内，得到了广泛的应用。

（一）光环境模拟软件的分类

按照模拟对象及其状态的不同，光环境模拟软件大致可以分成静态、动态和综合能耗模拟三类。

1. 静态光环境模拟软件

静态光环境模拟软件可以模拟某一时间点上的自然采光和人工照明环境的静态亮度图像和光学指标数据，如照度和采光系数等。静态光环境模拟软件是光环境模拟软件中的主流，比较常用的有 Desktop Radiance，Radiance，Ecotect Analysis，AGi32 和 Dialux 等。

2. 动态光环境模拟软件

动态光环境模拟软件可以根据全年气象数据动态计算工作平面的逐时自然采光照度，并在照度数据的基础上根据照明控制策略进一步计算全年的人工照明能耗。这类软件与静态软件的区别在于其综合考虑了全年 8760 个小时的动态变化，而静态软件只针对全年中的某一时刻，不过动态软件无法生成静态亮度图像。相对于集成在综合能耗模拟软件中的全年照明能耗模拟模块来说，独立的动态光环境模拟软件的灵活性更好，计算更精确。另外，动态光环境模拟软件还可以将计算结果输出到综合能耗模拟软件中进行协同模拟。

常用的动态光环境模拟软件只有 Daysim 一种，它也使用 Radiance 作为计算核心。

3. 综合能耗模拟软件

综合能耗模拟软件主要是用于能耗模拟和设备系统仿真，采光和照明能耗模拟只是其中的一个功能，它们可以根据全年的自然采光照度计算照明得热序列，并将以此数据作为输入量纳入到全年能耗模拟中计算建筑的综合能耗。根据自然采光照度的计算方法，可以将综合能耗模拟软件分为两种：一种使用简单的几何关系粗略地计算房间照度，如 Energy Plus 和 DOE—2 等大部分能耗模拟软件均属于此类；另一种采用 Radiance 反向光线跟踪算法计算房间照度，如 !ES<VE> 即属于此类。需要说明的是，这两类软件通常每月只计算一天的照度，例如 IES<VE> 的默认计算日为每月的 15 日。

相对于专门的动态光环境模拟软件来说，综合能耗模拟软件在光环境方面的计算精度要低一些，但丁 RNSYS 和 Energy Plus 等能耗模拟软件均能导入 Daysim 输出的光环境数据，这可以在一定程度上克服计算精度的问题。综合能耗模拟软件可以同时对多个房间进行模拟，而动态光环境模拟软件目前还只能对单一的房间进行模拟。

三种软件分别针对不同的应用和需求，由于现在还没有一种软件能完全应对光环境模拟中所涉及的方方面面，所以，在全面的光环境模拟中往往要将这三种软件结合起来应用。

（二）光环境模拟软件

静态光环境模拟软件主要是由用户界面、模型、材质、光源、光照模型和数据后处理六大模块构成的。对于动态光环境模拟软件和综合能耗模拟软件来说，在基础上增加了人员行为和照明控制模块以模拟人员的活动情况和采光照明设备的运行情况。

1. 用户界面

用户界面是软件与使用者的沟通渠道，清晰并有逻辑性的用户界面将为用户带来良好的体验。商业建筑光环境模拟软件大都是运行在 Windows 操作系统之上的，同时均采用流行的窗口按钮式的图形用户界面，相对来说其应用较为简单，容易上手。与此形成鲜明对比的是，免费建筑光环境模拟软件的用户界面易用性就要差得多，有些甚至根本就没有用户界面，完全依靠命令输入形式来控制软件的运行，对于熟练的使用者来说，这也许会提高使用效率，但对于大量的普通使用者来说，这是一道难以逾越的障碍。但免费软件一般都具有很强的扩展性和灵活性，并且大部分都是开放源代码的。而商业软件在扩展性和灵活性上就要差得多，它们只能完成程序编写者认为有用的任务。

2. 模型

模型是模拟执行的对象，由于大部分光环境模拟软件都采用了多边形网格来定义模型，因此这方面它们的差别不大。一般来说，光环境模拟软件的建模能力都不是很强，因此是否能支持更广泛的模型格式是大部分使用者关注的重点。大部分光环境模拟软件都可以支持DXF格式的模型，有些软件则在此基础上提供了对于OBJ、LWO和STL等格式川的支持。

除几何模型格式外，少数光环境模拟软件还可以导入gbXML（绿色建筑扩展标记语言）格式的模型。

3. 材质

材质定义了物体表面的光学性质。对于一般性的建筑材料而言，大部分光环境模拟软件都可以准确地定义。有些光环境模拟软件可以在此基础上提供对于更高级材质的支持。例如，Radiance 中就提供了双向反射分布函数的材质定义。在通常的模拟中，很少会用到高级材质，除非是对精度和写实度要求非常高的情况。

4. 光源

光源定义了场景中的发光物体。除简单的规则光源类型外，所有的光环境模拟软件都可以通过导入标准格式的配光曲线文件来模拟光源的发光情况。另外大部分光环境模拟软件都提供了自然采光中常用的几种 CIE 天空模型。

5. 光照模型

光照模型是光环境模拟软件的核心，它通过复杂的数学模型模拟光线与表面的交互过程，根据使用的光照模型的不同，光环境模拟软件可以分为光线跟踪和光能传递两种类型，其中光线跟踪的使用更为广泛一些。

6. 数据后处理

数据后处理是在基本输出数据的基础上进行各种数据和图像处理以帮助使用者理解和分析。总的来说，除 Radiance 外的其他光环境模拟软件在这方面都不是很强，而 Radiance 则可以完成数据绘图和人眼主观亮度处理等一系列复杂的后处理，功能非常之强大。

7. 人员行为和控制策略

对于动态光环境模拟软件和综合能耗模拟软件来说，由于涉及全年中不同的采光和照明状态的综合模拟，因此需要通过人员行为以及照明控制策略来定义状态的变化情况，光环境模拟软件大多是通过各种形式的时间表来模拟人员行为和照明控制策略。

（三）BIM 与光环境模拟

建筑信息模型（Building Information Modeling，BIM）是以三维数字技术为基础集成了建筑工程项目所需的各种相关信息的工程数据模型。BIM 实际上是一种工程项目数据库，借助于数据库的强大能力，我们可以完成大量以前不可想象的任务。有了 BIM 技术的支持，光环境模拟可以与其他专业进行无缝协同，大大简化了工作的流程。

建筑光环境模拟软件中明确直接支持 BIM 的只有 Ecotect Analysis 和 IES<VE>，它们都是通过 gbXML 格式的模型文件与 BIM 软件进行交互和沟通的，gbXML 格式中包含了建筑性能模拟软件中所需的大部分信息，其中与光环境模拟相关的内容包括了几何模型、材质、光源、照明控制以及照明安装功率密度等几个方面，它们基本上都可以直接在 BIM 软件中定义。

现阶段的 BIM 应用主要还是着眼于数字化建模的工作，材质、光源以及照明控制等内容一般是在光环境模拟软件中单独进行设置的。与 BIM 软件相比，光环境模拟软件往往不是那么智能（例如，在它们的眼中，只有不同材质属性的多边形表面，没有内墙、外墙和楼板等建筑构件之分），但这对于现阶段的建筑光环境模拟来说已经足够了。与能耗模拟软件相比，光环境模拟软件对于建筑信息的需求量相对要低一些。例如，它往往不需要知道房间的用途、分区以及各种设备的详细信息。不过。随着技术的发展和进步，BIM 与建筑光环境模拟之间的结合将更加完美，这也许会彻底改变现有的半手工式的工作流程。

（四）光环境模拟的过程

虽然光环境模拟的对象可能千差万别，但过程都是基本类似的，其中包括了规划模拟方案、建立模型、设置材质和光源、设置时间表和气象数据、设置参数并进行模拟以及分析共六个步骤。光环境模拟是一个持续的反馈和调整过程，因此通过一次模拟就取得成果的想法都是不切实际的。

1. 规划模拟方案

不同的项目对模拟有不同的要求和特点，因此模拟前需要对模拟方案进行总体的规划。模拟方案涉及模拟的评价指标、所使用的软件、模拟的范围以及时间进度安排等几个方面，对于复杂的模拟来说可能还包括人员分工和多专业配合方面的内容。适当的模拟方案可以在保证精度的前提下用最短的时间完成符合要求的模拟。很多人往往在模拟前不重视模拟方案的规划，导致模拟完成后才发现得到的结果并不符合要求，接下来再去返工，这将浪费大量的时间和精力。因此，建议刚刚接触模拟的读者用纸和笔将上面提到的内容逐条列出来，这样可以帮助我们养成良好的模拟习惯。

（1）模拟指标

分析和评价是模拟方案中最关键的内容，其主要由建筑的类型和模拟的要求决定。例如，要综合分析办公建筑的自然采光性能，那么全自然采光时间百分比是个不错的选择；而针对博物馆建筑来说，全年光暴露时间和各种眩光评价指标是必不可少的。

（2）模拟软件

现在市场上有很多种光环境模拟软件，它们有各自的适用范围和优势领域。在过去的十几年中，Radiance已逐步发展成为自然采光模拟领域实际上的标准，现在很多自然采光模拟软件都是以Radiance为计算核心的。以光能传递为核心的模拟类软件则迅速占领了照明模拟的大部分市场。Daysim是当前唯一将用户行为模型用于动态光环境模拟的软件，其在这一领域里具有很强的优势。而IES<VE>和Energy Plus等综合能耗模拟软件则以全面著称，它们不仅能执行光环境模拟，还能用于复杂的能耗和系统模拟。光环境模拟软件的选择与模拟的要求以及个人习惯有着很大的关系。通常来说，大部分人都倾向于选择自己最熟悉的软件。

（3）模拟范围

模拟的范围包括了空间、时间和设计方案三个部分。对于静态光环境模拟来说，不可能对建筑中所有的空间都进行逐时模拟，一般来说是针对全年中的典型时间和建筑中具有代表意义的空间进行模拟。对于动态光环境模拟和综合能耗模拟来说，一般不需要考虑时间的问题，通常只需要将性质类似且位置相邻的空间进行整合和简化即可。在模拟中，我们有时候需要在同样的条件下对不同的设计方案进行横向的比较，相对于原始方案来说，各对比方案均做过一定的调整和改进。对比方案的确定要综合各方面的因素，但主要是来自于建筑师通过初步分析提出的一些策略和设想，例如增加遮阳、反光板或改变室内墙面的反射率。

（4）时间进度安排

模拟工作的有序开展离不开精确的时间进度安排，其在很大程度上决定了模拟的效果和执行的节奏。时间进度安排与模拟的工作量、专业配合方案和任务分派有着密切的关系。在保证模拟效果的前提下，时间进度的安排应以降低时间和人力成本为原则，但同时也要留有一定的弹性空间以应对可能出现的特殊情况。

2. 建立建筑的三维模型

三维模型定义了建筑的几何场景特征，是模拟中必不可少的基础数据。建模前最好先在头脑中对要模拟的建筑仔细审视一遍，思考建筑哪些地方可以简化？哪些地方不能简化？要简化成什么样？是使用光环境模拟软件建模还是从其他软件中导入模型？

（1）模型的简化

建模前应先确定满足模拟要求的模型需要具备哪些细节。同时，还应该仔细计划一下模型的建立流程。一般来说，只需要建立起满足模拟需要的几何细节即可。对于大部分光环境评价指标来说，并不需要给出诸如电话或者墙上画像一类的细节。更多的细节虽然可以增加模拟的真实程度，但同时也会对模拟的效率产生一定的影响。通常只有在侧重于设计效果评估的模拟中才需要建立出模型的具体细节。

光环境模拟软件中的计算时间与模型中表面的数量是成正比的。与渲染软件相比，模拟软件的计算成本要高得多，过于细致的模型可能会使计算时间大幅攀升，因此在不影响模拟效果的前提下应尽量降低模型的复杂程度。

另外，模型的复杂程度与模拟的要求和所在的阶段也有关。例如，相对于静态光环境模拟来说，在动态光环境模拟中往往可以简化更多的局部细节。在概念设计阶段，通常对模拟速度非常敏感，而对于模拟结果的要求则相对比较简单。随着设计的深化，所要分析的内容也越来越多，越来越精确，这时必然需要更复杂和精确的模型。

（2）建立和导入模型

大部分光环境模拟软件既可以导入外部程序建立的模型，也可以自行建立模型。一般来说，光环境模拟软件的建模能力要弱于专业的建模软件。因此，通常都是先在专业的建模软件中建立模型，然后通过 DXF 等标准的模型交换格式导入到光环境模拟软件中进行模拟。

3．设置材质和光源

（1）设置材质

材质描述了物体表面与光线进行交互时所表现出来的性质。例如，镜面表面和漫反射表面在与光线交互时所表现出来的性质就是截然不同的。在不同的光环境模拟软件中，材质的表示形式和设置方式可能不完全一样，但通常来说都是由镜面度、反射率和透过率等基本参数构成的，这与渲染类软件是基本相似的，只不过模拟软件中的参数一般都具有真实的物理意义，因此理解软件中各种材质参数的物理意义对于材质设置来说是至关重要的。

（2）设置光源

光源是光环境模拟中的重要影响因素，人工照明模拟中的光源是各种类型的灯具，在模拟软件中一般是通过配光曲线来定义的；自然采光模拟中的光源是天空和太阳，在模拟软件中一般是通过天空模型来定义的。

4．设置时间表和气象数据

（1）设置时间表

人员行为和采光照明控制对于动态自然采光和照明能耗模拟来说影响非常大。例如，人员在什么时候、什么情况下开灯，遮阳设施在何时调整角度。

在光环境模拟软件中，人员行为以及自然采光和照明系统的控制策略通常都表现为时间表（Schedule），即通过各种时间表来模拟全年中的人员作息和设备运行情况。这部分内容本身并不复杂，难点在于通过各种时间表真实地反映出实际的情况。对于一般性的照明能耗模拟来说，现有的常规时间表设置基本上能满足要求。但简单的时间表设置很难做到完全符合现实中的人员行为，因此有些软件提供了基于大量基础调查研究的人员行为模型，如 Daysim 中就应用了这方面的最新研究成果。

（2）设置气象数据

在静态光环境模拟中，一般不需使用气象数据，但动态光环境模拟和综合能耗模拟中则必须要用到气象数据。建筑性能模拟领域中有多种气象数据格式，现在使用缓广泛的是 Energy Plus 使用的 EPW 格式的典型气象年数据，其中包括了步长为 1h 的温度、风向、风速、降雨量以及太阳辐射等数据。美国能源部的 Energy Plus 网站中提供了全球 100 多个国家上千个城市的典型气象年数据。随着 Energy Plus 的普及，EPW 格式的气象数据已经逐步成为通用的气象数据交换格式。大部分的动态光环境模拟软件和综合能耗模拟软件都可以直接支持 EPW 格式的气象数据。

5. 设置参数并执行模拟

（1）参数设置

一般来说，模拟参数包括了视角参数、定位参数和计算参数三种。

对于亮度图像模拟来说，需要指定包括视点位置、方向、视野和焦距在内的视角参数。

对于评价指标的模拟，则需要定位计算点或计算网格的位置和方向。通常来说，它们位于建筑中的水平工作平面上，在博物馆建筑中则位于艺术品所在的竖直平面上。

计算参数控制着模拟的精度和时间，它与软件的光照模型有着密切的关系。

参数的选择往往是模拟中较为关键的一步，适当的参数设置可以达到事半功倍的效果，但这在很大程度上取决于使用者的经验。为了简化操作并帮助用户快速入门，现在主流的光环境模拟软件基本上都提供了一套方便实用的默认参数系统。在这套系统的引导下，使用者可以轻松地应对常见的情况。如果是较为复杂和特殊的情况，则需要使用者根据理论知识和实践经验通过分析来进行判断和设置。

（2）执行模拟

所有参数设置完毕后就可以开始执行模拟了。模拟的时间与参数的设置精度和场景的复杂程度有关，单个简单场景的静态光环境模拟时间大约为 0.5 ~ 2h，如果场景较为复杂，也有可能会耗费数十小时的时间。模拟过程中一般不需要人工介入，如果模拟时间较长，可以采用批处理的方式安排在夜晚执行。有些模拟软件具有并行计算能力，这可以在很大程度上提高模拟的效率。

6. 分析

这里所说的分析实际上包括了数据后处理、分析和撰写模拟报告三个方面的内容。

（1）数据后处理

大多数情况下，软件输出的数据都需要经过一定的处理以便于对比和分析。例如，将自动曝光的物理亮度图像转换为主观亮度图像和伪彩色图像，或将工作平面照度数据制成三维或二维的图表。数据后处理的关键在于数据可视化和数据归纳，因此可能会用到专业的可视化数据后处理或科学计算软件，例如 Excel，Tecplot，Matlab 和 SPSS。后处理虽然只是对数据的一种后期加工，但其对于分析的影响非常大，如果这一步处理不当同样也会影响到分析的质量。

（2）分析

分析是应用各种主客观评价指标对光环境进行评价的过程。实际上，计算结果本身的用处并不大，只有经过分析后的计算结果才能发挥出其应有的效能。横向比较分析主要着眼于方案间的性能比较，绝对数值分析则直接给出方案的客观性能评价。

（3）撰写报告

模拟报告是建立在分析的基础上的，详尽和规范的模拟报告可以向他人传递模拟所取得的成果。通常来说，模拟报告可以分为项目基本信息、模拟的任务、模拟的条件和设置、模拟的结果和分析以及结论和建议几部分。

除基本内容外，报告中还可以提出相对于目前设计方案的性能提升建议。一份全面的光环境模拟报告不应仅局限于光环境领域，同时还应综合考虑方案的可实施性、经济性和运行能耗等其他方面的影响因素。建筑师和业主拿到模拟报告后，将会根据实际情况对方案进行调整，调整后的方案将再次进入模拟流程，不断地调整和优化实际上也是模拟过程的重要组成部分，体现了模拟分析对设计的指导作用。

（五）光环境模拟的评价

光环境模拟主要可以从定量评价和定性及主观评价方面来进行评价。

1. 光环境模拟的定量评价

（1）分类

光环境模拟的定量评价指标可以分为静态、动态、眩光和能耗以及经济等几个方面。

静态评价指标一般仅针对某一典型的静止时间状态，如果要使用此类指标进行全面的评价，那么可能需要执行大量的静态模拟。某些静态指标所针对的时间状态具有特殊性，可以从逻辑上排除某些其他的状态。例如，采光系数针对的就是全年最不利的情况。

动态评价指标通常都是针对某一完整的时间序列来说的，它反映了建筑在某一时间段（通常是一年）内的整体性能。一般来说，大部分静态指标都可以通过手工或者制表计算，但动态指标通常只能使用计算机程序来计算。

眩光评价指标主要用于评价使用环境中的眩光情况，它可以分为人工照明和自然采光两种，分别用于对应情况下的眩光评价。

能耗以及经济评价指标主要着重于从宏观的角度来评价建筑的热工和采光照明性能。

由于光环境评价指标较多，同时也比较复杂，因此这里所采用的分类方式主要着眼于便于讨论和说明问题，不一定完全科学，其中也可能存在相互交叉的情况。

（2）评价

对于评价指标来说，既可以采取绝对评估值的方式，也可以在多方案之间采取横向比较的方式，在这种情况下绝对的数值可能并不重要，重要的是方案间的相对性能。两种方式各有千秋，一般来说设计的初期多采用横向比较的方式，而在深化设计阶段则主要采用绝对评估值的方式，但这也不是固定的模式。

实际运用中，往往很难用几个定力的指标去全面的评价建筑的光环境。这是因为建筑光环境的影响因素包括很多方面，它们往往又会互相影响，因此其中的关系非常复杂。对于不同的影响因素，往往要使用不同的指标去衡量和评价，怎样用多个相互没有联系的评价指标来综合评价建筑的光环境是当前我们所面临的一个难题，起码到现在为止还没有一个集大成的综合光环境评价指标。另外，光环境本身也不是孤立的，它是整个建筑环境的一个有机组成部分，对于建筑性能的综合评价往往要从声、光、热等多方面来进行分析。

（3）评价指标

目前照度和采光系数等评价指标已经成为法定的评价标准，有些指标因为出现的时间不长，还未成为法定的评价标准，但他们也经过了理论和实践的验证并已在实际工程中广泛使用。这类指标往往针对更高层次的要求，例如自然采光眩光指数和全自然采光时间百分比均属此类指标。

在实际的模拟中，除可以参考《建筑采光设计标准》《建筑照明设计标准》和《公共建筑节能设计标准》等国家强制性设计标准外，建设部颁布的《绿色建筑评价标准》、美国的 LEED 标准和北美照明工程学会出版的《照明手册》中的相关数据也可以作为参考的依据。

2. 光环境模拟的定性和主观评价

光环境作为一种复杂的互动环境，不仅与客观的物理规律有关，同时也与人的生理、心理以及情绪等很多主观或半主观因素有关，而这些因素往往很难用定量的指标来衡量。由于建筑光环境模拟软件可以生成反映真实情况的亮度图像，因此光环境模拟中常根据亮度图像来定性地分析和评价光环境，这其中也包括了帮助设计者对设计理念、空间营造和气氛表达等方面的因素进行推敲。

亮度图像与人眼所看到的图像非常接近，因此可以将亮度图像作为一个半主观的定性评价指标。光环境模拟软件所产生的亮度图像更接近实际使用中的真实情况。对于亮度图像的分析，没有定量的客观评价指标，通常都是从图像的亮度对比以及光线和阴影的分布等角度进行定性的分析。

光环境模拟中生成的亮度图像还可以帮我们推敲空间的营造和气氛的表达，这方面的内容主观的成分相对较多，其评价影响因素主要包括完型常性、直觉常性和色彩常性等几个方面。

现阶段还很少有人把光环境模拟作为方案推敲与展示的工具，人们在工作中还是常用V—Ray 等渲染软件所生成的效果图。

但作为一种高精度的仿真技术，光环境模拟实际上可以在很大程度上代替效果图，通过光环境模拟软件得到的图像更加真实和自然，这正是建筑师和业主真正需要的。

第四节　建筑信息模型（BIM）的应用

一、建筑信息模型及相关技术

（一）建筑信息模型的建立与应用

实现建筑信息集成，从而实现完全的数字化建筑设计，进而实现"数字化设计—数字化建造—数字化管理"，用数字技术覆盖建筑工程全生命周期。而解决信息集成的关键，就是在建筑工程伊始，在建筑设计阶段就建立起信息化的建筑模型—建筑信息模型。

在建筑设计过程中创建的信息并不就是整个工程项目的全部信息，随着工程项目向着概预算、招投标、施工等阶段纵深发展，产生的信息越来越多，建筑信息模型所包含的信息就越来越丰富。这些信息不只是应用到建筑施工结束，其实还会在建筑物的运营、维护过程中被应用。因此，信息化的建筑模型应当是能够覆盖建筑物从规划、设计开始，到施工、营运，直到被弃用、拆除为止的整个建筑工程生命周期的，能对建筑进行完整描述的数字化表达。该模型能够为该建筑项目的建筑师、结构工程师、设备工程师、施工工程师、监理工程师、业主、房地产开发商、营造商、材料供应商、房屋管理人员、维修人员……相关人员共同理解，能够作为人员在项目中进行决策的依据，也是他们进行信息交换的基础。

现在，BIM 已经成为使建筑业发生质的变化的革命性思想，将推动整个建筑业实现新的整合。BIM 也成为开发建筑设计软件和其他建筑工程软件的主流技术。建筑师、建筑各专业工程师必须掌握 BIM，才能在建筑业内具有交流的共同语言。建筑设计阶段应用BIM 水平的高低，对整个项目质量、进度、效益等的影响很大。我们应当努力把 BIM 的应用推向新的高度。

（二）建筑信息交换标准

在数字化建筑设计的过程中，信息的交换量是很大的，建筑师需要不断和结构工程师、设备工程师、施工工程师、房地产开发商、业主、政府有关部门……交换各种信息，包括原始设计资料、设计方案、统计资料、设计文件……由于这些信息的交换都是通过网络在计算机之间进行的，所以数字化建筑设计中的信息交换其实是在不同的计算机系统之间进行的交换。这包括不同类型的计算机系统（工作站、PC 系列微机、Apple 系列微机），不同类型的操作系统（Unix、Windows、Mactonish、Linux 等），

不同专业（建筑设计、结构设计、给排水设计、概预算、节能设计、防火设计、施

工组织设计、物业管理等）的应用软件，不同品牌的建筑设计软件（Archi CAD、Bentley Architecture、Auto CAD、Revit Architecture、Digital Project、天正建筑等）。因此，有必要建立一个统一的、支持不同的计算机应用系统的建筑信息描述和交换标准。

在国际建筑业界的共同努力下，一个跨平台、跨专业、跨国界的IFC（Industry Foundation Classes，工业基础类）标准正承担起统一的建筑信息描述和交换标准的重任，也是BIM采用的关键技术。

（三）建筑设计信息管理平台

随着BIM技术的普及。需要一种手段将整个建筑设计过程管理起来，改变以前那种设计信息共享程度低、设计方式陈旧、信息传递速度慢、业务管理落后和支撑技术不配套的落后局面，这种手段就是建筑设计信息管理平台。

PDM（Product Data Management，产品数据管理）是管理与产品有关的信息、过程及其人员与组织的技术。PDM以建筑信息模型为核心，通过数据和文档管理、权限管理、工作流管理、项目管理和配置与变更管理等，实现在正确的时间、把正确的信息、以正确的形式、传送给正确的人、完成正确的任务，最终达到信息集成、数据共享、人员协同、过程优化和减员增效的目的。

建筑设计企业的产品就是他们的设计作品以及相应的图纸，产品数据应包括所有与设计项目有关的数据。目前，已经出现了一批作为建筑设计信息管理平台的PDM系统，在数字化建筑设计中起到重要的作用。

二、建筑信息模型设计软件的技术特点

（一）以建筑构件为基本图形元素进行参数化设计

BIM设计软件不再提供低水平的几何绘图工具，操作的对象不再是点、线、圆这些简单的几何对象，而是墙体、门、窗、楼梯等建筑构件；在屏幕上建立和修改的不再是一堆没有建立起关联关系的点和线，而是由一个个互相有关联的建筑构件组成的建筑物整体，这些构件就是BIM设计软件中用以组成建筑模型的基本图形元素。整个设计过程就是不断确定和修改各种建筑构件的参数，全面采用参数化设计方式进行设计。

（二）构件关联变化、智能联动、相互协调

BIM设计软件立足于数据关联的技术上进行三维建模，模型中的构件之间存在关联关系。例如模型中的屋顶是和墙相连的，如果要把屋顶升高，墙的高度就会随即发生改变，也跟着变高。又如，门和窗都是开在墙上的，如果把模型中的墙平移1m，墙上的门和窗也同时跟着按相同方向平移1m；如果把模型中的墙删除，墙上的门和窗马上也被删除，而不会出现墙被删除了而窗还悬在半空的不协调现象。

（三）信息化建筑模型，各种图纸由模型自动生成

BIM 设计软件建立起的信息化建筑模型就是设计的成果。至于各种平、立、剖二维图纸都可以根据模型随意生成，各种三维效果图、三维动画亦然，这就为生成施工图和实现设计可视化提供了方便。

由于生成的各种图纸都来源于同一个建筑模型，因此所有的图纸和图表都是相互关联的，同时这种关联互动是实时的。在任何视图上对设计做出的任何更改，就等同对模型的修改，都马上可以在其他视图上关联的地方反映出来。在门窗表上删除一个窗，相关平、立、剖视图上这个窗马上就被删除。这就从根本上避免了不同视图之间出现的不一致现象。

（四）统一的关系数据库实现了信息集成

在建筑信息模型中，有关建筑工程所有基本构件的有关信息都以数字化形式存放在统一的数据库中，实现了信息集成。虽然不同软件的数据库结构有所不同，但构件的有关数据一般都可以分成两类，即基本数据和附属数据，基本数据是模型中构件本身特征和属性的描述。以"门"构件为例，基本数据包括几何数据（门框和门扇的几何尺寸、位置坐标等）、物理数据（重量、传热系数、隔声系数、防火等级等）、构造数据（组成材料、开启方式、功能分类等）；附属数据包括经济数据（价格、安装人工费等）、技术数据（技术标准、工艺说明、类型编号等），其他数据（制造商、供货周期等）。一般来说，用户可以根据自己的需要增加必要的数据项用以描述模型中的构件。由于模型中包含了详细的信息，这就为进行各种分析（空间分析、体量分析、效果图分析、结构分析、节能分析……）提供了条件。

建筑信息模型的结构其实是一个包含有数据模型和行为模型的复合结构，数据模型与几何图形及数据有关，行为模型则与管理行为以及构件间的关联有关。彼此结合通过关联为数据赋予意义，因而可以用于模拟真实世界的行为。实现信息集成的建筑信息模型为建筑工程全生命周期的管理提供了有力的支持。

（五）能有更多的时间搞设计构思，只需很少时间就能完成施工图

以前应用二维 CAD 软件搞设计，由于绘制施工图的工作量很大，建筑师无法在方案构思阶段花很多的时间和精力，否则来不及绘制施工图以及后期的调整。而应用 BIM 设计软件搞设计后，使建筑师能够把主要的精力放在建筑设计的核心工作—设计构思上。只要完成了设计构思，确定了最后的模型构成，马上就可以根据模型生成各种施工图，只需用很少的时间就能完成施工图。由于 BIM 设计软件在设计过程中良好的协调性，因此在后期需要调整设计的工作量是很少的。

（六）可视化设计

以往应用二维绘图软件进行建筑设计，对建筑物的三维造型的准确把握有一定的困难，

而且平面图、立面图、剖视图等各种视图之间不协调的事情时有发生，即使花了大量人力物力对图纸进行审查仍然未能把不协调的问题全部改正。有些问题到了施工过程才能发现，给材料、工期、成本造成了很大的损失。

应用BIM技术后，应用可视化设计手段就可以解决各种问题。设计人员可以对所设计的建筑模型在设计的各个阶段通过可视化分析对造型、体量、视觉效果等进行推敲，由于各种视图都由模型生成，极大地减少了各种视图不协调的可能性。

应用可视化方式也有利于业主直观地了解设计成果和设计进度，方便了与设计人员的沟通。

（七）实现信息共享、协同工作

BIM技术，为实现在建筑设计过程甚至在整个建筑工程生命周期中的计算机支持协同工作（Computer Supported Cooperative Work，CSCW）提供了重要的保证。这样，就可以以BIM为核心构建协同工作平台，使不同专业的、甚至是身处异地的设计人员都能够通过网络在同一个建筑模型上展开协同设计，使设计能够协调地进行。

例如，利用这个平台可以检查建筑、结构、设备平面图布置有没有冲突，楼层高度是否适宜；楼梯布置与其他设计布置及是否协调；建筑物空调、给排水等各种管道布置与梁柱位置有没有冲突和碰撞，所留的空间高度、宽度是否恰当；玻璃幕墙布置与其他设计布置是否协调等。这就避免了使用二维CAD软件搞建筑设计时容易出现的不同视图、不同专业设计图不一致的现象。

同样地，在整个建筑工程的建设过程中，参与工程的不同角色如土建施工工程师、监理工程师、机电安装工程师、材料供应商……可以通过网络在以建筑信息模型为支撑的协同工作平台上进行各种协调与沟通，使信息能及时地传达到有关方面，各种信息得到有效的管理与应用，保证了施工人员、设备、材料能准时到位，工程高效、顺利地进行。

（八）有利于进行建筑性能

当前，倡导设计绿色建筑、低碳建筑，就必须对所设计的建筑进行建筑性能分析。在应用BIM技术后，为进行这些分析提供了便利。这是因为建筑信息模型中包含了用于建筑性能分析的各种数据．同时BIM设计软件提供了良好的交换数据功能，只要将模型通过交换格式（IFC、XML等格式）输入到日照分析、节能分析……的分析软件中，很快就得到相关的结果。

（九）丰富的附加功能

由于建筑信息模型载有每个建筑构件的材料信息、价格信息，就可以很方便地利用这些信息进行设计后的经济评价，这就为在设计阶段控制整个工程的成本、提高工程的经济效益提供了有力的保证。

又如，利用建筑信息模型所包含的信息生成各种门窗表、材料表以及各种综合表格都是十分容易的事。可以应用这些表格进行概预算、向建筑材料供应商提供采购清单、成本核算等。

其实这样就为 BIM 的进一步应用创造了条件，可以说，BIM 的应用范围已经超出了建筑设计的范畴。BIM 给设计人员提供了更为丰富的工具，为他们增加了许多附加的功能，使他们的设计比以往的更为完美，创造的价值也比以前更高。

三、建筑信息模型在数字化建筑设计中的应用

建筑信息模型技术一问世，就得到建筑界的青睐，并在建筑业中迅速得到应用。以下通过一些实例来介绍 BIM 在建筑设计中的应用。

（一）国家游泳中心

国家游泳中心是为迎接 2008 年北京奥运会而兴建的比赛场馆，又名"水立方"。建筑面积约 5 万平方米，设有 1.7 万个座席，工程造价约 1 亿美元。

设计方案是由中国建筑工程总公司、澳大利亚 PTW 公司和 ARUP 公司组成的联合体设计，设计体现出"水立方"的设计理念，融建筑设计与结构设计于一体。

"水立方"设计的灵感来自于肥皂泡以及有机细胞天然图案的形成，由于采用了 BIM 技术，使他们的设计灵感得以实现。设计人员采用的建筑结构是 3D 的维伦第尔式空间梁架（Vierendeel space frame），每边都是 175m，高 35m。空间梁架的基本单位是一个由 2 个五边形和 2 个六边形所组成的几何细胞。设计人员使用 Bentley Structural 和 Micro Station TriForma 制作一个 3D 细胞阵列。然后为建筑物作造型。其余元件的切削表面形成这个混合式结构的凸缘，而内部元件则形成网状。在 3D 空间中一直重复，没有留下任何闲置空间。

由于设计人员应用了 BIM 技术，在较短的时间内完成如此复杂的几何图形的设计以及相关的文档，他们赢得了 2005 年美国建筑师学会（AIA）颁发的"建筑信息模型奖"。

（二）自由塔

美国决定在"9·11"事件中被摧毁的纽约世贸大厦原址上重建自由塔（Freedom Tower）成了世人关注的事件。自由塔的设计由"美国著名的 SOM 建筑设计事务所承担。在最后确定的方案中，自由塔的高度为，776 英尺（541m），计划于 2013 年建成。自由塔的设计得到了 Autodesk 公司的大力支持，SOM 决定采用基于 BIM 技术的 Revit 软件进行设计。Autodesk 还决定在继续用 Revit 软件来支持自由塔设计的基础上，应用 Buzzsaw 软件来支持自由塔工程的工程管理工作，让它成为应用 BLM—BIM 的典范。

在方案设计的过程中，有这么一段经历，建筑师在推敲方案时需要对原有的建筑造型进行扭曲，结果他应用 Revit 软件在计算机上抓住建筑的巨大的立面，将它进行扭曲。由于在建立了建筑信息模型后，对模型的任何部分进行变更时都能引起相关构件实现关联变

更，因此在这种状态下，每一层都会根据建筑师的操作自动进行调整。以前在标准的二维制图软件中，这样做需要几周的时间。

（三）Letterman 数字艺术中心

Letterman 数字艺术中心坐落在美国三藩市，包括 4 幢建筑、1 个影剧院和一个 4 层的地下停车库，总建筑面积达 158.2 万平方英尺（14.7 万平方米）。该中心的兴建始于 2003 年，并于 2005 年 6 月完工。在整个工程的建设过程中，不单在设计中采用了 BIM 技术，而在整个建筑施工过程中都使用了 BIM 技术，从而获益匪浅。

项目团队用 BIM 技术创建了一个详细的、尺寸精确的建筑信息模型，实现了可视化设计与建造过程的可视化分析。随着时间的推移和项目的进程发展，创建和应用这个数字化的三维建筑模型的优点变得越来越明显。

他们的经验表明，为了有效地使用 BIM、实现各专业的良好合作的最重要经验就是要确保所有团队成员都要为创建建筑信息模型做出贡献。除了项目管理人员、建筑师、结构工程师、机电及管道工程师这样做之外，承包商和安装公司也积极跟进，都随着整个项目进程往模型输入信息。这样，建筑信息模型在每周都得到了更新，并通过服务器发布到项目团队的所有计算机终端中，提供本项目经过验证的最新信息。

通过 BIM 的协作平台，他们及时发现了不少问题，例如对设计进行碰撞检测时发现了多宗建筑设计图和结构设计图不一致的问题：设计图中的钢析梁穿越了铝板幕墙的问题、电梯机房梁的位置不一致的问题、楼板面标高低于梁面标高的问题……于是这些问题得到及时改正，避免了返工造成的浪费以及工期延误。

由于应用了 BIM 技术，保证了按时完工，并使这个投资 3500 万美元的项目节省经费超过 1000 万美元。

四、建筑信息模型在建筑性能分析中的应用

当前倡导绿色、低碳的建筑设计，要实现这些目标，就要搞好建筑性能分析。由于建筑信息模型的数据库中已经集成了各种设计信息，能够进行各种复杂的设计评价和分析，只要把这些数据导入到相关的分析软件进行分析计算便可。这些分析包括：结构分析、日照分析、节能分析、建筑通风分析、光环境分析、声环境分析、消防模拟分析等。

BIM 提供的设计信息达到了一定的精细程度和可信度，能在设计阶段的前期完成日照分析、节能分析等各种分析，有利于在设计的前期阶段就能把握住绿色建筑的设计方向，使设计少走弯路。建筑师可以在设计阶段的早期，将不同的设计方案分别导入到多种软件进行分析，对照不同设计方案的分析结果，从而选择出合理的建筑设计方案，实现绿色、低碳和可持续发展的目标。

辽宁本溪黄柏峪生态小学是一个得到了国际可持续发展基金会资助的项目，该项目已于 2008 年完成。设计方案通过应用 BIM 技术并辅以其他分析软件进行分析，做出了多项

改进：改进了遮阳设计；通过增加庭院，改善了室外风环境；改进了拔风烟囱的设计；改进了日光房的设计：改进了自然采光设计。实现了可持续发展的建筑设计。

利用 BIM 还可以通过 XML 实现建筑设计与建筑性能分析的互操作。

这里一个突出的例子就是 gbXML（Green Building XML）。gbXML 是一种基于 XML 的绿色建筑可扩展标记语言，可以应用该语言来传输 BIM 中的数据到能源分析的应用程序。gbXML 实现了 BIM 和大量第三方分析应用软件之间的交互操作。

GBS（Green Building Studio，绿色建筑工作室，美国建筑业界建筑节能分析工具和网上解决方案的引领者）是这些第三方软件中的一种，主要提供给美国建筑师使用。建筑师使用 gbXML 向 GBS 服务网站（https：//www.green building studio.com/gbs/default.aspx）输出他们用 BIM 技术创建的建筑模型，GBS 服务网站在得到输入文件后，按照当地的建筑规范执行分析，并将分析结果返回到设计师的计算机。这个过程可以按照需要的次数重复，以便于重新修改设计后与以前的结果相比较。BIM 和 GBS 服务网络之间的交互操作性大大方便了设计人员、模型和分析工具之间的对话，并获得了精确的能源分析，进一步提高了建筑设计的效率，降低了设计成本。

美国纽约的皇后社区精神病服务中心是一个有 45000 平方英尺（4180.6 ㎡）的教育、康复机构。承接该中心建设的 Architectural Resources 公司被要求在不增加原来预算的前提下降低能耗的预算费用 20%。为此，他们将 BIM 技术应用到节能分析上。

以往要做这方面的分析，都要委托专业的工程顾问公司来做，需要耗费数周时间，而且还需要支付一笔费用。现在采用 BIM 技术之后，进行建筑节能分析就方便得多。

该公司设计人员使用 BIM 技术和 GBS 服务网站通过网上连接，将建筑物模型输入到 GBS 的能耗分析软件中，十分钟后就可以得到基本的分析结果。设计人员根据分析结果，改进采暖、通风和空调系统，调整建筑设计以及建筑材料的热阻值，然后又再次使用 GBS 的计算过程，验证改进设计后的节能效果。如此反复进行，不用一个星期，就能够得到符合要求的、理想的节能设计。

五、建筑信息模型在建筑工程的其他应用

目前，BIM 不仅应用在建筑设计和建筑性能分析方面。还被人们应用到建筑业的多个方面，包括：场地分析、建筑策划、方案论证、建筑结构设计、水暖电设计、协同设计、成本估算、施工计划制订、施工过程模拟、物料跟踪、项目管理、工程统计、运营管理、灾害疏散与救援模拟……实际上，BIM 的应用范围非常广泛，可以涵盖整个建筑工程生命周期。

下面是一个 BIM 应用于施工过程分析的例子气美国纽约市林肯中心的 Alice Tully 音乐厅在 2009 年进行了室内改造工程。由于在改造中应用了 BIM 技术，改造工程的效果令人满意。

该项目在音乐厅内部采用了半透明的、弯曲的木饰面板的墙板系统，并对工期、所采用的新型材料和施工误差做了严格的规定。为保证项目顺利进行，一开始就采用 BIM 技术，应用 Digit Project 建立起室内改造工程的三维模型。该模型充分考虑了影响到木墙板工程的各个独立系统，如钢支撑结构、剧场索具装置、水电暖通系统等各个方面，并考虑了各构件和系统之间的相互影响，在施工过程分析中起了重要的作用。在施工阶段。该模型提供了预生成该项目的数字化三维视图，协助完成了诸如管道系统布局等复杂系统的设计，分析和消除了管道系统的碰撞干扰问题，保证了管道系统的施工顺利进行。此外还利用该三维信息化模型，根据现有条件对面板设计形态进行分析，确保了所制造的面板能精确地安装。

同样，BIM 在建筑运营管理阶段同样能够发挥巨大的作用。

突出的例子就是 2008 年北京奥运会的"奥运村空间规划及物资管理信息系统"。该系统应用 BIM 技术，采用 Revit 软件和 Buzzsaw 软件建成。

当用 Revit 软件完成奥运村空间规划建模的同时，就自动产生与奥运村三维图形对应的奥运村物资、设施数据库，实现了奥运村物流的虚拟管理，显著提升了庞大物流管理的直观性，大大降低了操作难度，使奥运村物流管理在品种多、数量大、空间单元及资产归属要求绝对准确的情况下，确保了频繁进出的物资高效、有序和安全地运行。该系统完美服务于奥运会和残奥会，在系统密集应用的奥运会准备期、奥运会残奥会转换期以及赛后复原期基本实现奥运村资产配置数据报表"零错误"，得到各方高度评价。

现在已经有一些已建成的建筑物如澳大利亚的悉尼歌剧院、我国香港多个地铁车站等建立起自己的数字化三维模型，应用 BIM 技术进行管理。

BIM 技术经过近几年实践，已被证明是对提升建筑业劳动生产率、降低生产成本有着显著的成效。

（一）使用建筑信息模型有以下优势：

1. 消除 40% 预算外更改。

2. 造价估算控制在 3% 精确度范围内。

3. 造价估算耗费的时间缩短 80%。

4. 通过发现和解决冲突，将合同价格降低 10%。

5. 项目时限缩短 7%，及早实现投资回报。

（二）美国国防部在 2006 年表示，通过应用 BIM 在以下的范畴里能节省成本：

1. 更好地协调设计——节省 5% 成本。

2. 改善用户对项目的了解——节省 1% 成本。

3. 更好地管理冲突——节省 2% 成本。

4. 自动连接物业管理数据库——节省 20% 成本。

5. 改善物业管理效率——节省 12% 成本。

增加经济效益的例子还有：英国机场管理局利用 BIM 节省了伦敦希思罗机场 5 号航

站楼 10% 的建造费用；香港一些应用 BIM 理念较为成熟的建筑示范项目，总造价可以降低 25% ~ 30%。

增加经济效益的重要原因就是因为应用了 BIM 后在工程中减少了各种错误。香港恒基公司在北京世界金融中心项目中通过 BIM 应用发现了 7753 个错误，及早消除超过 1000 万元的损失，以及 3 个月的返工期。

第五节　CFD 技术及其在建筑设计中的应用

CFD 是英文 Computational Fluid Dynamics（计算流体动力学）的简称，是一门用数值计算方法直接求解流动主控方程（Euler 或 Navier Stokes 方程）以发现各种流动现象规律的学科。

简单地说，CFD 相当于"虚拟"地在计算机做实验，模拟仿真实际的流体流动情况。其基本原理是利用计算机求解流体流动的各种守恒控制偏微分方程组，得出流体流动的流场在连续区域上的离散分布从而近似模拟流体流动情况。

CFD 可应用于对室内空气分布情况进行模拟和预测，从而得到房间内速度、温度、湿度以及有害物浓度等物理量的详细分布情况。在暖通空调工程中的应用主要在于模拟预测室内外或设备内的空气或其他工质流体的流动情况。以预测室内空气分布为例，目前在暖通空调工程中采用的方法主要有四种：射流公式，Zonal model，CFD 以及模型实验。

CFD 具有成本低、周期短、速度快、资料完备且可模拟各种不同的工况等独特的优点，故备受青睐。

一、CFD 应用步骤

（一）建立数学物理模型

建立数学物理模型是对所研究的流动问题进行数学描述。对于暖通空调工程领域的流动问题而言，通常是不可压缩黏性流体流动的控制微分方程。由于暖通空调领域的流体流动基本为湍流流动，所以要结合湍流模型才能构成对所关心问题的完整描述，便于数值求解。如下式为黏性流体流动的通用控制微分方程，随着其中的变量 f 的不同，如 f 代表速度、焓以及湍流参数等物理量时，上式代表流体流动的动量守恒方程、能量守恒方程以及湍流动能和湍流动能耗散率方程。基于该方程，即可求解工程中关心的流场速度、温度、浓度等物理量分布。

$$\frac{\partial}{\partial t}(\rho\Phi) + div\left(\rho\vec{u}\Phi - \Gamma_p grad\Phi\right) = S\Phi$$

式中 ρ：为密度，$\vec{u}$ 为速度矢量，Γ_p 为 Φ 的有效交换系数，为源项。

（二）数值算法求解

各微分方程相互耦合，有较强的非线性特征，目前只能利用数值方法进行求解，这就需要对实际问题的求解区域进行离散。数值方法中常用的离散形式有：有限容积、有限差分、有限元。目前这三种方法在暖通空调工程领域的 CFD 技术中均有应用。总体而言，对于暖通空调领域中的低速、不可压流动和传热问题，采用有限容积法进行离散的情形较多，具有物理意义清楚，能满足物理量的守恒规律的特点。离散后的微分方程组就转变成以下代数方程组：

$$a_P \Phi_P = a_E \Phi_E + a_W \Phi_W + a_N \Phi_N + a_S \Phi_S + a_T \Phi_T + a_B \Phi_B + b$$

或者：

$$a_P \Phi_P = \sum a_{nb} \Phi_{nb} + b$$

式中，a 为离散方程的系数，f 为各网格节点的变量值，b 为离散方程的源项。下标 P，E，W，N，S，T 和 B 分别表示本网格、东边网格、西边网格、北边网格、南边网格、上面网格和下面网格处的值，或者以 nb 表示 P 的相邻 6 个节点。

（三）结果可视化

代数方程求解后的结果是离散后的各网格节点上的数值，这样的结果不直观。因此将求解结果的速度场、温度场或浓度场等表示出来就成为 CFD 技术应用的必要组成部分。通过计算机图形学等技术，就可以将求解的速度场和温度场等形象、直观地表示出来。

二、CFD 在空调设计中的应用

（一）高大空间空调气流组织设计

大空间建筑指的是顶棚高、容积大的建筑，如体育馆、博物馆、科技馆等，这类建筑的空调系统控制的环境范围大，气流复杂；人员变化大，容易出现温度分层、上下温度梯度大的现象。此外，受建筑造型的影响，送风口和回风口位置受限，大风量送风时易形成水平方向温度分布不均问题。

针对高大空间空调气流组织设计的问题，目前，暖通界的主要手段是用 CFD 技术进行气流数值分析与模拟实验相结合。由于气流数值分析能够考虑室内的各种可能的内扰、边界条件和初始条件，因而能全面反映室内的气流分布情况，从而得到最优的气流组织方案。模拟实验主要用来对重要的数据进行验证，或者进行必要的修正。因此，气流数值分析和模拟实验的结合是一种较好的气流组织设计方法。

通风空调空间的气流组织直接影响到其通风空调效果，借助 CFD 可以预测仿真其中的空气分布详细情况，进而指导设计。

（二）建筑外环境分析设计

建筑外环境对建筑内部居者的生活产生重要的影响，所谓的建筑小区二次风、小区热环境等问题日益受到关注。采用 CFD 可以方便地对建筑外环境进行模拟分析，从而设计出合理的建筑风环境。而且，通过模拟建筑外环境的空气流动情况，还可进一步指导建筑内的自然通风设计等。

（三）建筑设备性能的研究改进

暖通空调工程的许多设备，如风机、蓄冰槽、空调器等，都是通过流体工质的流动而工作的，流动情况对设备性能有着重要的影响。通过 CFD 模拟计算设备内部的流体流动情况，可以研究设备性能，从而降低建筑能耗，节省运行费用。

（四）置换通风问题

置换通风是近年来采用较多的一种新的送风方式，与传统的混合通风不同，置换通风的原理是新鲜空气从房间一侧进入，依靠推移排代作用而将污浊空气由另一侧排出。这种空调系统将空气从房间的下部送入，靠室内发热体的热力作用，使新鲜空气以较小的扰动，流经工作区，带走室内的余热余湿和污染物质，上升的空气从上部的回风口排出。由于房间的空气分层分布，使得污染物浓度也呈竖向梯度分布，工作区易于保持洁净和热舒适性。

置换通风存在的问题，一方面在于人体周围的上升气流将低区的空气带入呼吸区，污染物被同时带至工作区，而降低工作区空气的洁净度。另一方面，由于在地板附近送风，当空气温度较低，风速相对较高时，可能产生因吹风而引起的局部不适感。采用 CFD 方法建立数学模型，研究置换通风，可以克服实验研究中出现的运行费用高、实验条件受限等缺陷。

（五）人体舒适性问题

人体热舒适性指的是人对热环境表示满意的意识状态，通过研究人体对热环境的主观热反应得到人体热舒适的环境参数组合的最佳范围和允许范围，以及实现这一条件的控制、调节方法。影响人体热舒适的环境参数有四个：空气温度、气流速度、空气的相对湿度和平均辐射温度；人的自身参数有两个：衣服热阻和劳动强度。国际上，采用 CFD 研究人体热舒适的有：日本的 Shuzo Muraka—mi 等人采用 CFD 技术进行数值模拟，利用暖体假人做试验验证模拟结果，以研究"不同气流组织"下人体周围的流场和温度场；日本 Flakt.K.K 在 CFD 程序中加入了 PMV 等热舒适性指标的计算模式，并利用热辐射、温度、风速等空间分布对空间热舒适性做原则。在国内，姚润明等将人体热舒适性指标 PMV/PPD 模型与建筑动态热模拟及计算流体动力学模拟相结合，对通风房间进行了室内气候以及热舒适性的模拟与分析，取得了良好的效果。

（六）室内空气品质问题

室内空气品质是目前暖通空调界日益关注的问题。良好的空气品质是空气中的污染物浓度不超过公认的权威机构所确定的有害物浓度指标，并且处于这种空气品质中的绝大多数人对此没有表示不满意。对室内空气品质的评价采用主观方式、客观方式或主、客观相结合的方式。客观评价的依据，是人们受到的影响与各种污染物浓度、种类、作用时间的关系，它利用空气龄、换气效率、通风效能系数等概念和方法；主观评价则是通过对室内人员的问询获得，即利用人体的感官器官对环境进行描述和评价。

利用CFD技术研究室内空气品质问题，主要是通过求解偏微分方程，得到室内各个位置的风速、温度、相对湿度、污染物浓度、空气龄等参数，从而评价通风换气效率、热舒适和污染物排除效率等。

三、CFD的发展状况与前景

（一）CFD研究方向

CFD在暖通空调工程的应用始于1974年，国外在这方面发展较快，目前国内也有一些大学或科研机构在对此进行研究。就研究方向而言，主要可分为两方面：基础研究和应用研究。目前，美国、欧洲、日本等发达国家对CFD的基础和应用研究都处于领先水平；20世纪70年代末80年代初，我国的一些高校、研究机构开始CFD技术的应用研究（清华大学等有较为独特的研究方向），20年来，研究的范围从以室内空气分布以及建筑物内烟气流动规律的模拟为主，逐渐扩展到室外及建筑小区绕流乃至大气扩散问题，并已形成一些可以解决实际问题的软件。

从软件工程的角度来看，求解（核心计算）的部分与国外先进水平差距不大，主要差距表现在前处理即几何造型与网格生成技术、后处理即科学计算可视化部分。开展CFD方面的研究尚有大量工作要做，表现为继续加强算法理念方面的基础研究、研究网络自动生成技术、研究科学计算可视化技术以及用CFD技术开展本行业中的应用研究。

（二）CFD技术动态

1. 室内空气流动的简化模拟

美国MIT从描述空调风口入流边界条件的方法、湍流模型等方面进行研究，对室内空气流动进行简化模拟；我国清华大学研究空调风口入流边界条件的新方法、湍流模型以及数值算法，建立室内空气流动数值模拟体系。

2. 室内外空气流动的大涡模拟

美国MIT、日本东京大学研究大涡模拟这一高级湍流数值模拟技术在室内外空气流动模拟中的应用，目前已经开始尝试用于建筑小区和自然通风模拟等。

3.室内空气流动和建筑能耗的耦合模拟美国MIT通过将简化的CFD模拟方法和建筑能耗计算耦合对建筑环境进行设计。

（三）CFD技术发展成就

暖通空调制冷行业是CFD技术应用领域之一。我国暖通空调制冷行业对CFD的应用研究开展了大量的工作，取得了许多成果。

1.通风空调设计方案优化及预测。

2.传热传质设备的CFD分析，如各种换热器、冷却塔的CFD分析。

3.射流技术的CFD分析，如空调送风的各种末端设备等。

4.冷库库房及制冷设备的CFD分析。

5.流体机械及流体元件，如泵、风机等旋转机械内流动和各种阀门的CFD分析等。

6.空气品质及建筑热环境的CFD方法评价、预测。

7.建筑火灾烟气流动及防排烟系统的CFD分析。

8.锅炉燃烧（油、气、煤）规律的CFD分析。

9.城市风与建筑物及室内空气品质的相互影响过程的CFD分析。

10.管网水力计算的数值方法。

结束语

　　建筑设计是建设项目中各相关专业的龙头专业，其应用 BIM 技术的水平将直接影响到整个建设项目应用数字技术的水平。高等学校是培养高水平技术人才的地方，是传播先进文化的场所。在今天，我国高校建筑学专业培养的毕业生除了应具有良好的建筑设计专业素质外，还应当较好地掌握先进的建筑数字技术以及 BIM 的应用知识。

　　而当前的情况是，建筑数字技术教学已经滞后于建筑数字技术的发展，这将非常不利于学生毕业后在信息社会中的发展，不利于建筑数字技术在我国建筑设计行业应用的发展，因此我们必须加强认识、研究对策、迎头赶上，因此有了《BIM 建筑设计与应用》这本书。本书结合建筑数字技术教学的规律和实践，结合建筑设计的特点和应用实践来编写，可以满足当前建筑数字技术教学的需求，并推动全国高等学校建筑数字技术教学的发展。